国家中职示范校烹饪专业课程系列教材

面点原料

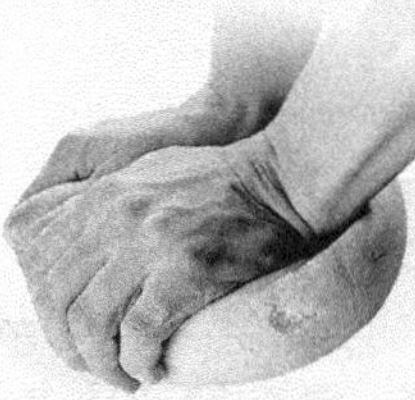

MIANDIAN YUANLIAO

苏德胜 主编

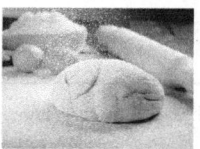

知识产权出版社

图书在版编目（CIP）数据

面点原料/苏德胜主编. —北京：知识产权出版社, 2015.8
ISBN 978-7-5130-3663-4

Ⅰ. ①面… Ⅱ. ①苏… Ⅲ. ①面食－原料－中等专业学校－教材 Ⅳ. ①TS972.116

中国版本图书馆 CIP 数据核字(2015)第 165052 号

内容提要

本书是为了适应国家中职示范校建设的需要，为开展烹饪专业领域高素质、技能型人才培养培训而编写的新型校本教材。本书共四个章节，主要内容包括面点各类主要原料的选用原则及分类，制馅原料特点及选用标准、调辅原料的种类及作用。各章节均配有思考与练习题，以便学生将所学知识融会贯通。本书可作为高技能人才培训基地、高职高专、技工院校面点专业、烹调专业及相关专业面点制作技术教学实训用书，也可以作为餐饮企业和相关技术人员的培训教材。

责任编辑：张 珑

面点原料

苏德胜 主编

出版发行：	知识产权出版社有限责任公司	网　址：	http://www.ipph.cn
电　话：	010-82004826		http://www.laichushu.com
社　址：	北京市海淀区西外太平庄 55 号	邮　编：	100081
责编电话：	010-82000860 转 8540	责编邮箱：	riantjade@sina.com
发行电话：	010-82000860 转 8101/8029	发行传真：	010-82000893/82003279
印　刷：	北京中献拓方科技发展有限公司	经　销：	各大网上书店、新华书店及相关专业书店
开　本：	880mm×1230mm　1/32	印　张：	7.625
版　次：	2015 年 8 月第 1 版	印　次：	2015 年 8 月第 1 次印刷
字　数：	214 千字	定　价：	26.00 元

ISBN 978-7-5130-3663-4

出版权专有　侵权必究

如有印装质量问题，本社负责调换。

牡丹江市高级技工学校
教材建设委员会

主　任　原　敏　杨常红
委　员　王丽君　卢　楠　李　勇　沈桂军
　　　　刘　新　杨征东　张文超　王培明
　　　　孟昭发　于功亭　王昌智　王顺胜
　　　　张　旭　李广合

本书编委会

主　　编　苏德胜
副主编　车京云　马良荣　李　旭
编　　者
学校人员　邱腊梅　许春艳　林　鹏　高慧丽
　　　　　邢冬燕　孙　丽　齐春霞
企业人员　吴瑞娥　高　尚　张艳双

前　　言

　　2013年4月，牡丹江市高级技工学校被三部委确定为"国家中等职业教育改革发展示范校"创建单位，为扎实推进示范校项目建设，切实深化教学模式改革，实现教学内容的创新，使学校的职业教育更好地适应本地经济特色，学校广泛开展行业、企业调研，反复论证本地相关企业的技能岗位的典型任务与技能需求，在专业建设指导委员会的指导与配合下，科学设置课程体系，积极组织广大专业教师与合作企业的技术骨干，研发和编写具有我市特色的校本教材。

　　在示范校项目建设期间，我校的校本教材研发工作取得了丰硕成果。2014年8月，《汽车营销》教材在中国劳动社会保障出版社出版发行。2014年12月，学校对校本教材严格审核，评选出《零件数控车床加工》《模拟电子技术》《中式烹调工艺》等20册能体现本校特色的校本教材。这套教材以学校和区域经济作为本位和阵地，在学生学习需求和区域经济发展分析的基础上，由学校与合作企业联合开发和编制。教材本着"行动导向、任务引领、学做结合、理实一体"的编写原则，以职业能力为核心，有针对性地传授专业知识和训练操作技能，符合新课程理念，对学生全面成长和区域经济发展也会产生积极的作用。

　　各册教材的学习内容分别划分为若干个单元项目，再分为若干个学习任务，每个学习任务包括任务描述及相关知识、操作步骤和方法、思考与训练等。适合各类学生学用结合、学以致用的学习模式和特点，适合于各类中职学校使用。

《面点原料》是为了适应国家中职示范校建设的需要，为开展烹饪专业领域高素质、技能型才培养人培训而编写的新型校本教材。本书共 8 个项目，主要内容包括面点各类主要原料的选用原则及分类、制馅原料特点及选用标准、调辅原料的种类及作用。各项目均配有思考与练习题，以便学生将所学知识融会贯通。

　　由于时间与水平有限，书中不足之处在所难免，恳请广大教师和学生批评指正，希望读者和专家给予帮助指导！

牡丹江市高级技工学校校本教材编委会
2015 年 3 月

目 录

项目一 面点原料概述 ········· 1
  任务 1-1 了解面点发展的概况 ········· 1
  任务 1-2 认识我国面点的风味流派 ········· 3
  任务 1-3 面点制作的技术特点及分类 ········· 4
  任务 1-4 认识面点的制作 ········· 7
  任务 1-5 面点制作设备与工具 ········· 8
  任务 1-6 面点原料的选用 ········· 13
  任务 1-7 掌握面点制作技术的学习方法 ········· 68
  任务 1-8 面点制作基本技术动作及操作程序 ········· 69

项目二 面团 ········· 80
  任务 2-1 面团的识别 ········· 80
  任务 2-2 怎样调制面团 ········· 81
  任务 2-3 水调面团 ········· 82
  任务 2-4 膨松面团 ········· 95
  任务 2-5 油酥面团 ········· 109
  任务 2-6 米粉面团 ········· 121
  任务 2-7 其他面团 ········· 127

项目三 馅心 ········· 135
  任务 3-1 馅心的种类及制作要求 ········· 135
  任务 3-2 咸馅的制法 ········· 140
  任务 3-3 甜馅制法 ········· 150
  任务 3-4 包馅的比例与要求 ········· 153

项目四 成形技术 ········· 156
  任务 4-1 抻、切、削、拨 ········· 156

1

　　任务4-2　搓、包、卷、捏 …………………………… 165
　　任务4-3　叠、摊、擀、按 …………………………… 170
　　任务4-4　钳花、模具、滚沾、镶嵌 ………………… 171
　　任务4-5　其他成形方法 ……………………………… 174
项目五　熟　　制 ………………………………………… 178
　　任务5-1　成熟方法 …………………………………… 178
　　任务5-2　成熟工艺及运用 …………………………… 179
　　任务5-3　掌握熟制的标准 …………………………… 196
项目六　米类制品 ………………………………………… 198
　　任务6-1　米的种类、选购与储存 …………………… 198
　　任务6-2　煮饭和熬粥 ………………………………… 200
项目七　面点的组合运用 ………………………………… 209
　　任务7-1　面点组合的运用 …………………………… 209
　　任务7-2　宴席面点配置要领 ………………………… 215
　　任务7-3　各风味宴席面点的配备 …………………… 218
项目八　面点创新与开发 ………………………………… 222
　　任务8-1　面点的创新 ………………………………… 222
　　任务8-2　开发面点新种类 …………………………… 226

项目一　面点原料概述

任务1-1　了解面点发展的概况

面点制作是中国烹饪体系的两大组成部分之一。中式面点选料精细、品种繁多、做工考究、营养合理，是我国人民日常生活中重要的食品。

"面点"意义广泛。从广义上讲，它泛指用各种粮食（米、麦、杂粮等），豆类，果品，鱼虾及根茎类为原料，配以多种馅料制作的各种小吃和点心；从狭义上讲，它特指利用粉料（主要是面粉和米粉）调制面团制成的面食小吃和正餐筵席的各式点心。从面点的内容看，它既是人们不可缺少的食品，又是人们调剂口味的补充食品。

面点因所用原料主要是白色的面粉和米粉，故行业中俗称"白案"或"面案"。

面点：由面食和点心两大部分组成。

面食：主要包括馅食、汤食和风味小吃。

点心：主要包括早点、茶点、生日点心、婚礼点心和筵席点心。

面点制作：是研究面点的原料、面团的调制、馅心的制作，以及成形、成熟的一项专门技术。

我国的面点制作技术有着悠久的历史，早在3000年前就出现了面点的雏形。我国面点制作技术的发展过程见表1-1。

中式面点经历数千年的历史演变，尤其改革开放以来，随着我国经济高速发展，物质交流和信息交流空前迅速，中式面点也迎来了交流和高速发展时期。各地面点师通过对前辈技术的总结、交流和创新，使我国面点制作技术又有了新的发展和提高，如面点由完全手工生产方式向半机械化、半自动化方向发展，出现了大量的中西风味结合、南北风味结合、古今风味结合，具有一定特色、制作

面点原料

精细的面点食品,丰富了人们的生活。中式面点制作技术,是经过历代面点师的不断实践、改革、创新、发展形成的,是中华民族文化遗产的一部分。

表1—1 我国面点制作技术的发展过程

历史时期	发展状况	出现的品种	出现的著作	说明
3000年前	尝草别谷,面点雏形产生			简单地加热
春秋战国时期	随着农业及谷物加工技术的发展,出现了较多的面点品种	如蜜饵、黍角		初步包扎技术开始应用
秦汉时期	我国面点的早期发展阶段,随着生产的发展,面点品种迅速增加。红白案有了明确分工	馒头、蒸饼、烙饼、汤饼、馓子	《释名·释饮食》	发酵技术在面点制作中开始应用
魏晋南北朝时期	我国面点的重要发展阶段,面点制作技术迅速提高。面粉、米粉加工更为精细,发酵方法已普遍使用	饼的种类繁多,制作方法较完善。馄饨、春饼、煎饼已出现	《齐民要术》《饼赋》	发酵技术已普遍使用,节日风俗逐步形成
隋唐五代时期	面点继续发展,制作技术有所提高	包子、饺子、肉饼、油饼、胡饼。西域饮食传入中原,我国蒸饼传入日本	《食疗本草》《食医心鉴》《崔氏食经》	面点在这一时期已入筵席,而且节日面点也有增加

项目一 面点原料概述

续表

历史时期	发展状况	出现的品种	出现的著作	注
宋元时期	我国面点全面发展阶段，面点制作技术迅速提高	月饼、烧卖、元宵、麻团、油炸果子、卷煎饼等	《粉面品》《山家清供》《本心斋疏食谱》《饮膳正要》《居家必用事类全集》《云林堂饮食制度集》	品种丰富，面点技术的提高主要表现在面团调作、馅心制作、浇头制作、成型方法、成熟方法等多样化
明清时期	我国面点在已形成的基础上继续全面发展，面点制作技术达到高峰	新品种不断涌现，面点的重要品种大体已经出现	《易牙遗意》《宋氏养生部》《闲情偶寄·饮馔部》《食宪鸿秘》《养小录》《醒园录》《随园食单》《调鼎集》	出现了以面点为主的筵席。面点风味流派基本形成，面点风俗基本定型，面点著述大为丰富，面点交流进步扩大

任务1－2 认识我国面点的风味流派

我国地域广阔，各地区的气候条件、各地物产、经济发展情况和人民生活习惯各不相同。因此，我国面点制作在原料选择、口味、制作技艺等方面形成了不同的风味流派。我国面点的主要风味流派有京式面点、苏式面点、广式面点和川式面点四大类，详见表1－2。

表1－2 我国面点的风味流派

风味流派	特色	代表品种	制作地域
京式面点	用料广泛，但以面粉为主。品种繁多，制作精细，馅心多用水打馅	押面、北京都一处烧卖、天津狗不理包子、清宫仿膳的肉末烧饼、艾窝窝等	黄河以北的大部分地区，以北京为代表

3

面点原料

续表

风味流派	特　色	代表品种	制作地域
苏式面点	坯料以米面为主，品种繁多，制作精美，季节性强，馅心重视掺冻，汁多肥嫩	淮安文楼汤包、扬州富春茶社的三丁包子、翡翠烧卖、上海小笼包、江西千层油糕、苏州船点等	长江中下游、江浙一带，它起源于扬州，发展于江苏、上海等地，以江苏为代表
广式面点	用料广泛，多以米类为主，品种繁多，馅心多样，制法特别。使用油、糖、蛋较多，季节性强	虾饺、叉烧包、马拉糕、马蹄糕、娥姐粉果、莲蓉甘露酥、荷叶饭、鱼片粥、沙河粉、芋头糕、月饼等	珠江流域及南部沿海地区，以广东为代表
川式面点	用料广泛，制法多样，口感上注重咸、甜、麻、辣、酸等味	赖汤圆、担担面、龙抄手、钟水饺、提丝发糕、八宝枣糕等	长江中上游川、滇、黔一带

以上四大类面点都有其鲜明的特色。除此之外，还有朝鲜族面点、清真面点、藏族面点等风味点心，虽未形成大的体系，但早已成为我国面点的重要组成部分，融合在各主要面点流派中，展现其独特的魅力。

任务1－3　面点制作的技术特点及分类

一、面点制作技术特点

1. 用料广泛、选料精细、应时迭出、口味各具特色

我国南北和东西跨度大，各地气候不同，物产丰富，地方风味突出，可用于面点制作的原料极为广泛。

面点制作随着各地习俗的不同和季节的变化应时更换品种。除早茶点心、午餐点心、夜餐点心和筵席点心外，还有适应不同季节

项目一 面点原料概述

的时令点心,如大年初一的饺子、元宵节的元宵、清明节的青团、端午节的粽子、中秋节的月饼、重阳节的重阳糕等。根据地区的不同,季节相同而面点品种和制作方法等方面也有较大差别,各具特色,如饺子在北方用面粉制作,南方则以米粉制作等。

2. 坯皮多样,馅心繁多

在中式面点制作中,用作皮坯的原料极为广泛,有面粉、米粉、红薯粉、玉米粉、山药粉和一些动物的嫩肌肉组织等。加之辅料变化多及不同的调制方法,再配以各种不同的比例,可形成疏、松、爽、滑、软、糯、酥、脆、韧等不同质感的坯皮,从而突出了面点的风味。

我国馅心用料广泛,选料讲究,无论荤馅、素馅、甜馅、咸馅、生馅、熟馅,所用主料、配料、调料都选用品质最佳的,形成鲜嫩可口、咸鲜甜皆宜等不同特点。就馅心的烹调方法而言,有拌、炒、煮、蒸、焖和综合加热等,且在制作中又形成了各自的特点和风味。

二、面点的分类

(一)麦类制品

麦类制品是指主要用小麦做原料制作的面点。

1. 水调面团制品

水调面团制品是指面粉掺入不同温度的水(有的品种加少量的填料,如盐、碱、蛋等)调制成的面团,经成形、熟制而成的制品。依据水温的不同,又可分为冷水面团、温水面团和热水面团制品。水调面团制品有面条、饼类、饺子、烧卖、春卷等。

2. 膨松面团制品

1) 酵母膨松面团制品

酵母膨松面团制品是指面粉中掺入适量的酵母或面肥并与水调制成面团,经发酵、成形和熟制而成的制品,如馒头、花卷、包子、千层饼、银丝卷等。

2) 物理膨松面团制品

物理膨松面团制品是指使用大量蛋品,经搅打起泡,加入面粉

等原料制成糊状,再经成形、熟制而成的制品,如蛋糕、长白糕等。

3)化学膨松面团制品

(1)松酥制品:指面粉掺水、油、糖等原料,加入化学膨松剂(有的品种不加膨松剂)调制成团,经成形、熟制而成的制品,如莲蓉甘露酥、桃酥、卢果等。

(2)矾碱面团制品:指面粉掺水及一定比例的矾碱盐调制成团,经成形、熟制而成的制品,如油条、大片果子、矾泡子麻花等。

3.油酥面团制品

油酥面团制品是指用水油面或水面等调制成团,包入干油酥,经制坯、成形、熟制而成的制品。是否包馅依品种而定,制品有明酥、暗酥、半明半暗酥等,如千层酥、糖酥饼、雪花酥等。

(二)米类制品

米类制品是指以米或米粉中掺入水及其他调辅料调制,再经成形、熟制而成的制品。

1.米制品

米制品是指以米与水熟制而成,是否加入调辅料依品种而定,米制品有普通米饭、花色米饭,普通粥、花色粥。

2.糕类粉团制品

糕类粉团制品是指以糯米粉、粳米粉、籼米粉为原料,加水和糖(糖浆、糖汁)拌和调制,经成形、熟制而成的制品。制品有松糕、方糕、年糕等。

3.团类粉团制品

团类粉团制品是指以糯米粉、粳米粉为主要原料,采用局部熟处理,经调制、成形、熟制而成的制品,如汤圆、麻团、油炸糕等。

4.醇米面制品

醇米面制品是指以籼米粉加水及膨松剂等辅料调制成团、经发酵、成形、熟制而成的制品。制品有棉花糕、籼米面发糕等。

(三)杂色制品

杂色制品是指上述制品以外的面点制品。

1. 澄面制品

澄面制品是指用特殊方法加工提纯的小麦淀粉，加沸水调制再经成形、熟制而成的制品，如虾饺、粉果等。

2. 杂粮豆薯类制品

杂粮豆薯类制品是指用杂粮或豆薯类加工成粉，经掺水调制、成形、熟制而成的制品。是否掺面粉、米粉、油、糖等，依品种而定。制品有小窝头、黄米面炸糕、绿豆糕、豌豆黄、豆面糕、薯茸饼等。

3. 果蔬类制品

果蔬类制品是指用果蔬原料为主制成的面点制品，如鸡粒芋角、莲蓉点心等。

4. 其他制品

其他制品指上述以外的制品，如鱼茸、虾茸点心。

任务1-4 认识面点的制作

粮食是人体热能的主要来源，是人类最基本的营养物质，是重要的烹饪原料。人体通过消化器官的消化吸收，把食物中所含有的营养物质输送到人体各部，供给人体的各种需要。面点制品在饮食业中占有重要的地位和作用。

一、面点是烹饪专业重要的组成部分

烹饪专业主要包括两方面内容：一是烹调，行业中俗称"红案"工种；二是面点制作，行业中俗称"白案"或"面案"工种。这两个方面的内容构成了餐饮烹饪专业的全部生产业务。所以面点与烹调是一个整体的两个方面，"红案"与"白案"虽分两个工种，具有严格的区别，又有密切的配合。不少菜肴在食用时要同时配以面点，才更富有特色，如烤鸭配合饼、合菜配春饼、烀饼炖菜、咸鱼大饼子等。特别是正餐的主食、副食的结合和筵席菜点的配套，体现了一个整体内容的相互配合和密切联系。面点除了常与菜肴配合外，还具有相对的独立性，它可离开菜肴独立存在而单独经营。

面点原料

二、面点是人们不可缺少的重要食品

人们的饮食要求随着社会的经济发展而变化。当今饮食社会化的观念日益深入,广泛发展方便食品在饮食中已具有一定的地位。清晨的早点、午后的茶点、晚间的夜点已成为人们日常生活中重要的饮食内容。尽管面点与菜肴相比较,价格低廉,但在饮食业营业额中仍占有一半以上的比例,特别是遇到节假日和休息日,面点更成为人们必备的食品。

三、面点是活跃市场、丰富人民生活的日常消费品

面点不仅是饭前、餐后的主要食品,而且在会亲访友时,也是表达心意、联络感情的极好礼品。它既能当做主食,又能上席配套增添花色。特别是逢年过节、外出旅游,便于携带的点心食品更受到人们的喜爱。不少点心还与历史传说有着密切的联系,如中秋节的月饼、清明节的青团、重阳节的重阳糕、元宵节的元宵等。由此可见,面点是丰富人民生活、方便群众、活跃市场、促进消费的重要消费品。

综上所述,面点在人们的日常饮食中起到了提供旅游方便、解决日常需求、改善饮食内容、调剂营养口味、完善筵席结构的重要作用。

任务 1-5 面点制作设备与工具

我国传统面点制作以手工制作为主。近年来,面点制作设备与工具有了长足的进步,从而降低了劳动强度,解放了生产力,提高了工作效率。

一、面点制作常用设备

1. 炉灶设备

(1) 蒸煮灶。适用于蒸煮的蒸煮灶有两种:一种是蒸汽蒸煮灶,

另一种是燃烧蒸煮灶。

(2) 烘烤炉。传统面点制作常以燃烧型烘烤炉为主，有缸炉、吊炉、平炉之分，适用于烘烤不同面点品种。

2. 烘烤设备

(1) 电烤箱。又称电焗炉、电烤炉等，有恒温和定时控制等自动装置，使用方便。

(2) 电热恒温电饼铛。用于煎烙制品，控温方便。

(3) 微波炉。是一种比较新型的加热设备，其工作原理是利用磁控管产生高频微波振荡，使食物本身产生大量的热，并在短时间内被加热成熟。

(4) 电磁炉。具有安全可靠、热效率高、无火、无烟、无污染的特点，而且温控准确、使用方便、安全卫生。

3. 机械设备

(1) 和面机。用于和面，使面团中的蛋白质充分形成面筋，有利于面团内部形成良好的组织结构，有立式和卧式两种。

(2) 绞肉机。有电动和手动两种类型，可用于绞肉、轧豆沙馅等。

(3) 剁馅机。又称蔬菜切碎机，主要用于茎叶类蔬菜的加工，如白菜、洋葱、萝卜等菜馅的制作。

(4) 馒头机。用于机械化大批量生产馒头。

(5) 饺子机。用于机械化大批量生产饺子。

(6) 打蛋机。主要用于打发鸡蛋液，制作花式蛋糕，搅打蛋白膏、人造奶油，制作裱花奶油等。

(7) 压面机。有电动和手动两种类型，可以压制馄饨皮、水饺皮，也可压制面条等。

(8) 磨粉机。有石磨和钢磨两类，采用平磨与立磨两种形式，磨出的粉均匀，质量较好。

4. 冷藏设备

冷藏设备主要有小型冷藏库、冷藏箱和电冰箱。按冷藏方式可分为直冷式与风扇式两种，冷藏温度为 $-18 \sim -10$℃，并具有自动

 面点原料

恒温控制、自动除霜功能，使用方便。

5. 案台

案台又称面板，是制作面点的工作台。面点制作过程中，如和面、擀皮、成形等工序都是在案板上操作的。案板有油案、面案两种，案板表面要求平整、光滑、便于洗刷。案台材质有木板案台、石板案台、金属板案台。

6. 铁锅

铁锅分生铁锅和熟铁锅两种。常用的有水锅、高沿锅、平锅、烘盘等。

（1）水锅：有大有小，蒸制一般用宽沿生铁锅；煮饺子、面条、捞米饭一般用熟铁锅。

（2）高沿锅：又叫高沿铛，锅底平坦，用于煎锅烙、水煎包、烙烧饼、烙饼、摊春卷皮等。

（3）平锅：又叫饼铛，用于烙大饼、家常饼及摊煎饼等。

（4）烘盘：烘炉中用的金属盘，用于烤饼、烤酥点等。

7. 蒸笼、蒸箱

（1）蒸笼：又称笼屉，用于蒸制品种。

（2）蒸箱：由锅炉引接高压蒸汽，大大提高了工作效率。

（3）电蒸箱：由电热管加热水箱自动送水产生蒸汽，蒸制食品。

二、面点制作工具

面点制作工具因面点品种的需要而有所不同，面点制作工具的种类、规格和形态、各式各样。

1. 坯皮制作工具

（1）擀面杖：又称擀面棍，是制作坯皮时的工具。有大、小、中三种。

大擀面杖：长80～86cm，用以擀制大块面；

中擀面杖：长53～60cm，用以擀制大饼类；

小擀面杖：长40cm左右，用以擀制饺子皮、包子皮及油酥等小型面剂。

项目一 面点原料概述

擀面杖要求木质结实耐用，表面光滑，常以桦木、色木、檀木或枣木制成。

（2）走槌：又称通心槌，形似滚筒，中间空，供插入轴心，使用时来回推动，外圈滚筒灵活转动，用于擀花卷面团及大块油酥面团起酥。

（3）橄榄杖：中间粗、两头细，形如木橄榄，用于擀饺子皮、烧卖皮等。

（4）双手杖：用于擀饺子皮、花色蒸饺皮等。

（5）花走槌：又称花擀，用于擀制千层饼等。

（6）单手杖：又称小面杖，长约40cm。

2. 成形工具

（1）模子：是制作肉丁馒头、糕、饼等用的模型。

（2）印子：刻有花纹、文字的木戳，用作点心表面的戳子。

（3）木梳：用于制作鸟、鱼等花色点心的羽毛、鱼鳞等。

（4）拨桃：用于象形面点的开眼、点缀等。

（5）小剪：用于剪鱼鳞、鸟尾、虫翅、兽嘴、花等。

（6）鹅毛管：用于戳鱼鳞、玉米粒和印眼窝、核桃花纹。

（7）小镊子：用于配花叶、花梗，装足、眼，以及钳芝麻等细小物件。

（8）牙刷：选用新的、细毛的，用于喷酒、色素溶液。

（9）毛笔、排笔：用于成品造型表面抹油等。

（10）花钳：一般用铜片制成，形状式样很多。用作各种花色点心的钳花成形。

（11）花嘴：又称裱花嘴，用铜片或不锈钢片制成。运用花嘴的不同形态，可形成各种不同形状的图案花纹。常用于大、小蛋糕剂花、裱图案。

3. 成熟工具

（1）铁勺：又称手勺，用于炒制翻锅的工具，盛菜肴、加料等。

（2）笊篱：又称漏勺，通常由铁丝、铁皮、铝制或不锈钢制成，中间布有均匀孔洞，用于在水、油中捞取食品。

面点原料

(3) 筷子：有铁制和竹制两种，长短按需而异。制作油炸食品时，用于翻动半成品和钳取成品。

4. 常用刀具

(1) 切刀：用于切菜、斩肉。

(2) 面包刀：用于切面包、蛋糕等。

(3) 花滚刀：用于花色面点制作，饼干等。

(4) 小片刀：要求薄而锋利，用于层酥面点的剖刀、刀拉酥等。

5. 其他工具

(1) 粉筛：用于筛粉，大小不一，按品种制作或生产需要选置粉筛网眼的规格。

(2) 面刮板：用于铲面、刮粉。

(3) 粉帚：用于打扫粉料。

(4) 小簸箕：一般由铝皮制成，用于盛粉。

(5) 馅挑、馅匙子：用于包饺子挑馅。

三、面点制作设备与工具的使用及养护

了解并掌握面点制作及设备与工具的使用及养护知识，可以充分发挥它们的作用，提高工作效率。

1. 定点存放

不能乱用乱放，应做到"用有定时、放有定点"，并要落实专人负责，做好编号登记。

2. 熟悉器具性能，提高使用技术

在未掌握操作方法之前，切勿盲目操作，以免发生事故或损坏机件。

3. 搞好器具卫生和养护

(1) 用具应定时进行严格消毒，经常保持清洁。

(2) 对生熟食品的用具，必须严格分类、分开使用。

(3) 做到经常性的养护与清洁卫生相结合。

四、加强安全操作观念，及时做好检修工作

第一，操作时必须集中注意力，严禁操作时嬉笑打闹。

项目一 面点原料概述

第二，制订操作安全制度，执行并安装安全防护装置。

第三，注意及时检修、更换部件，特别是机械设备、蒸汽管道等。

任务 1－6 面点原料的选用

面点制作所用的原料，根据其性质和用途，大致可分为：①皮坯原料，如米、麦及各种杂粮；②制馅原料，如各种肉类、水产品、海味、蛋品和各种蔬菜、豆制品及各种干鲜果实；③调辅原料，如油脂、糖、盐、碱、乳品；④食品添加剂，如色素、香精、糖精等。这些都在烹饪原料知识中详细讲过，这里着重讲解选用的一般知识，特别是辅助原料知识。

一、选用原料的一般知识

制作面点时，要选择最适当的原料，发挥原料的最大用途，使制出的成品既富有营养价值，又能节省成本，这就要求我们必须懂得原物料的选用知识。

（1）熟悉各种坯料的性质和用途。例如，米、麦及各种杂粮中都含有淀粉、蛋白质和脂肪等成分，它们成熟后都有松、软、黏、韧等特点，但其性质又有一定的差别，有的只能单独使用，有的可以混合实用。例如，小麦面粉中所含的蛋白质主要是麦胶蛋白和麦谷蛋白，这两种蛋白质是构成"面筋"的主要成分。正是由于这种成分，面筋成品才具有了疏松、软而有弹性、切片不碎和外形美观等特点。也是由于面筋的作用，在面团发酵时抵抗了二氧化碳气体膨胀，使二氧化碳气体不走散。面粉的优劣对面团的发酵影响很大，一般地说，精制粉用于制作精细点心，普通粉只能制作主食和一般点心。米粉和面粉不同，它所含的蛋白质经水洗后，不能产生面筋。但由于种类的不同，米粉的性质也有差别，如糯米黏性大、胀发性小，煮成熟品后有透明感；粳米黏性较糯米低，胀发性大于糯米；籼米黏性小、胀发性大、粉质较松。前两者都不能做发酵粉团，后者可以。

面点原料

(2) 熟悉调辅料的性质和使用方法。调辅料都有其独特的性质和用途。例如,调味料既可用于制馅,又可直接用于调制面团或其他坯料。它的主要作用是减少或消除其原料中某些不良异味,增加其色泽、香气和滋味,达到味美适口的目的,如糖、盐、酒、味精、葱、姜、茴香、花椒等都是调味料。辅助原料主要用于改善面团性质,使制品酥松多孔、柔软体大,如油脂、酵母、化学膨松剂等。有的调味原料兼具调味和调节面团性质的双重作用,如糖、盐等。此外,使用糖精、香精、色素、明矾、面碱等要弄清其性质、使用方法和适用量,若过量的使用糖精、色素会危害人体的健康。

(3) 熟悉原料的加工和处理方法。面点制作所用的原料大都在制作前需要加工和处理。例如,使用米类和麦类制作食品时,除米饭外,一般均需磨成粉后才能调制。由于原料的品种不同,加工方法不同,粉的粗细也就不同。因此,要根据面点的需要加以选用。例如,米粉制品,有的适用于粗粉制作,有的适用于细粉调制,米粉因磨制的方法、过程不同,又可分为干磨粉、湿磨粉、水磨粉等。由于加工方法不同,在使用上就有所差别,制作的品种也随之有所不同。因此,不同的面点制品,就要求原料有不同的加工处理,否则会影响成品的质量。如面粉在调制过程中,加的水温不同,调成面团有劲大劲小的区别。面团劲力大小,影响成品的口味,是操作能否顺利的关键。

(4) 熟悉馅料的要求:面点制作讲究形、色、味,因此,对所用馅料必须严格选择,否则会影响成品的规格和质量。在制作馅心时,无论甜咸馅心所用原料一般都要选用最新鲜的、最适合的部位才能符合要求。用鸡、鸭肉做馅,选用鸡鸭脯肉最好;用猪肉做馅心,就要选用松嫩的夹心肉;如要用猪油,最好选肥嫩、出油率高的用猪板油;鱼、虾、猪油可以斩茸,也可以作为点心皮子,再加以馅心,就具有特殊风味;用蛋品做馅心,不但味美,而且增加成品的营养价值,还会使成品更松发。用蛋品做馅心时,一般摊皮或炒熟,再切成丝丁拌入。但鸭鹅蛋有腥味,胀发性也差,不宜选用。选用蔬菜时,以鲜、嫩、脆、质好的为佳;对于干鲜果类,应选质

净、肉厚、色泽光亮的，还要注意其干燥程度等问题。总之，选用馅料要根据面点的要求，按部位、品质选择，才能保证成品的质量。

二、主要原料

面点的主要原料是指可用于调制面团或直接做成饭食点心的粮食作物。

我国的面点制作，一般均需先调成面团再制作成品，有的需擀成皮子包以馅心（在面点制品中以包馅者为多）。

用以调制成面团或擀皮的原料，必须具备如下条件：

第一，有一定韧性，包馅后不致破裂。

第二，具有一定的延伸性和可塑性，能够擀成薄片制成皮料，便于包馅及成形。

第三，能充饥饱腹并无害于人的身体健康。

据以上三条要求，可作为面点的主要原料有麦类、米类、杂粮等。

（一）麦类

麦类是制作面点的主要原料之一，麦类包括小麦、大麦燕麦、黑麦、荞麦等。在这几种麦里，小麦品质最佳。所以面粉是由小麦加工磨制而成的粉料。面粉的质量与小麦品种直接相关。

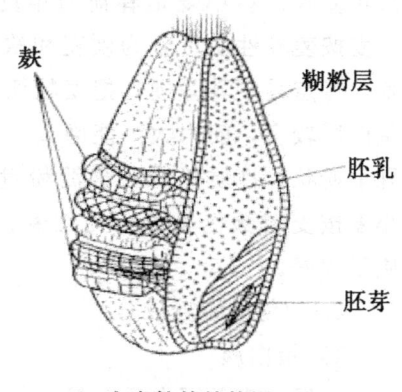

小麦粒的结构图

1. 小麦籽粒的组成和成分

小麦粒由表皮、糊粉层、胚乳和胚四部分构成。表皮占小麦粒干重（麦粒失去水分后的质量）的 8.08%～10.28%，糊粉层占小麦粒干重的 3.25%～9.84%。胚乳是小麦粒的主要部分，占小麦粒干重的 78.33%～83.69%。胚占小麦粒干重的 2.22%～4%。小麦的表皮主要由纤维素组成，食用价值不高。糊粉层中除含有较高纤维素外，还含有蛋白质，维生素和脂肪，营养价值较高，胚乳中含有

大量的淀粉和少量的蛋白质。胚内除含有蛋白质、糖、脂肪和纤维素外，还含有少量的维生素 E 和酶。

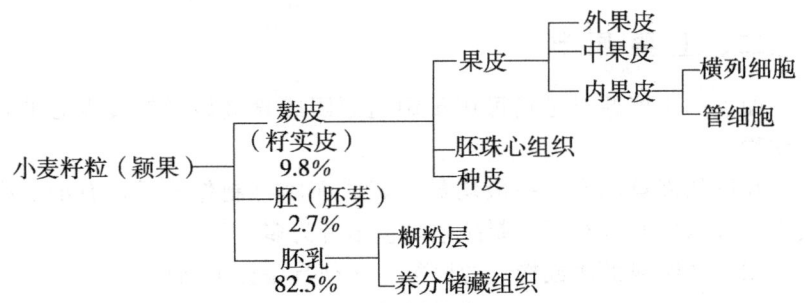

小麦籽粒属禾本科颖果的结构示意图

2. 小麦的种类

小麦按播种季节可分为冬小麦和春小麦。冬小麦一般是秋播，次年夏收；春小麦是春播当年夏收，其产量与质量都不如冬小麦。小麦按麦粒性质可分为硬麦和软麦。硬麦也称玻璃质小麦或角质小麦，特点是胚乳坚硬，把麦粒切开后，内部呈半透明状。硬麦中含蛋白质较多，筋力大，能磨成高级面粉；软麦亦称为粉质小麦，胚乳呈粉状，性质松软，含淀粉量较多，筋力小，其质量不如硬麦。小麦按麦粒颜色又可分为红麦、白麦，白麦出粉率高，粉色洁白，质量较好。

3. 面粉的营养成分

1）蛋白质

我国小麦的蛋白质含量一般在 $11\%\sim13\%$，小麦的蛋白质含量与品种、土壤、栽培方法、气候等因素有关，与成熟期也有关系。一般小麦蛋白质含量以硬麦为高，软麦为低。

面粉中的蛋白质主要是麦胶蛋白和麦谷蛋白两种。这两种蛋白质是组成面筋的主要成分。它们不溶解于水，但是遇水后膨胀能结成富有黏性和弹性的面筋质，面粉中含面筋质越多，面粉的工艺质量越好。

面筋蛋白是小麦蛋白质的最主要成分，面筋是使小麦粉能形成

项目一 面点原料概述

面团,具有特殊物理性质的蛋白质。面粉加入适量的水和盐揉搓成面团,泡在水里30~60分钟,用清水将淀粉及可溶性部分洗去,剩下的有弹性像橡皮似的物质,称为湿面筋,去掉水分的面筋称为干面筋。

面筋是一种强度水化的蛋白质形成物,湿面筋是一种柔软的有黏性、弹性、韧性、延伸性、灰白色的无味物质,其中含有少量的淀粉、纤维、脂肪、类脂肪和无机盐。

面筋的作用:第一,使成品在成熟过程中达到疏松的目的。第二,使制品造型美观,富有弹性,切片时不易破碎。第三,在面团发酵中能帮助面团抵抗二氧化碳气体的膨胀,不使其逸散造成疏松的海绵结构,从而使成品质地暄软。

由于面筋在面粉中作用很大,故面筋的品质可作为面粉的品质标志。制作面点制品时要考虑面筋的数量和质量,评定面粉的优劣时,常以面粉中的面筋质量为标准。

2)糖类

面粉中的糖类包括麦芽糖、葡萄糖和蔗糖等,但绝大部分是淀粉。糖类在面点制作中的主要作用,首先是在面团形成过程中为酵母提供养料,帮助酵母菌繁殖,使其产生一定量的二氧化碳,使面团松软和膨胀。其次,残留在面团中未发酵的糖分,还可以使面点制品在成熟过程中着色,以增加和改善制品的口味。

3)脂肪

面粉中脂肪的含量仅占面粉的1%以下,主要在麦粒的胚芽部分,麸皮次之,胚乳最少。麦粒中的脂肪多是不饱和脂肪酸,是人体必需的脂肪酸,它有维持细胞正常生理功用、降低血液黏稠度、改善血液循环、提高脑细胞活性、增强记忆的功效。精制粉的脂肪含量比标准粉含量少。脂肪水解会生成甘油和脂肪酸,脂肪酸氧化生成醛类、酮类,醛、酮有挥发性的哈喇味。因此,面粉在保管中应注意防潮,正常情况下小麦粉的保质期一般为三个月。脂肪在烘

 面点原料

焙中能增加脂香味,起到保鲜作用。

4)无机盐

面粉中无机盐含量的高低因出粉率而异。出粉率低,无机盐少;出粉率高,无机盐多。

5)纤维素

面粉中的纤维素多少直接影响面点制品的色泽和口味。纤维素少则色白、口味好;纤维素多则色黄、口味差,它与脂肪的作用正好相反。特制粉中纤维素含量少,低级面粉中纤维素含量多。

6)水分

面粉中所含水分一般在14%左右,面粉的含水量不宜过多,多了不耐久藏,会引起发热、发酵、发霉、结块、生虫,甚至酸败变质。水分过低影响粉色和出粉率,还影响经济效益。

4. 面粉的选用原则

面粉是面点制作的主要皮坯原料之一。面粉的性质对面制品的加工工艺和品质有着决定性的影响,不同类型的面制品对面粉工艺性能的要求不同。例如,制作面包要求弹性和延伸性都好的高筋粉;制作面条、饺子、馒头等需要弹性和延伸性都较好的中筋粉;制作蛋糕、饼干、糕点要求弹性、延伸性都不高,但可塑性良好的面粉。如果制作中选择的面粉不符合所制面食品工艺要求,就难保证其质量。

面粉合理选择是在确定面团性质要求的基础上,根据面粉种类和工艺性能特点作出的合理选择。

1)面粉的种类和等级标准

各国面粉的种类和等级标准一般都是根据该国人民的生活水平和食品工业发展的需要来制定的。中国现行的面粉等级标准主要是按加工精度来分的。1986年颁布的小麦粉国家标准是将面粉分为四等:特制一等粉、特制二等粉、标准粉、普通粉。分类标准、各项指标不是针对某种专门的、特殊的食品制定的,按此标准生产的面

项目一　面点原料概述

粉实际上是一种"通用粉",而不是专用粉,很难适应制作面包、馒头、面条、糕点、饼干对面粉蛋白质、面筋质数量和质量的要求。随着人们生活水平的提高和食品工业的发展,我国已逐步发展专用粉生产。专用粉的品种可以按不同的用途和对蛋白质、面筋质的要求分为:面包专用粉、面条专用粉、馒头专用粉、糕点饼干专用粉、油炸食品专用粉,以及家庭用粉、自发粉等。

A. 通用小麦粉

根据小麦粉国家标准 GB1355—86 的分类,将小麦粉分为特制一等粉、特制二等粉、标准粉和普通粉 4 个等级,主要是按加工精度、灰分、色泽等的不同来划分的。

标准粉是出粉率比较高(80%～85%)、加工精度比较低的面粉。由于对标准粉的出粉率要求比较高,因此,允许有比较高的灰分、比较差的粉色,即允许部分麸屑混入粉中。标准粉的加工精度不高,其制粉工艺相应地比较简单。

一般将加工精度高于标准粉的各个等级的小麦粉称为等级粉。等级粉要求的加工精度相对比较高,灰分低、粉色好。生产这样的面粉,必须防止麸屑混入粉中。等级粉的制粉工艺比较复杂一些,粉路比较长,应使用芯磨磨粉机、光辊、清粉机等。

目前,市场上的小麦粉已不再局限于特制一等粉、特制二等粉、标准粉和普通粉 4 个等级,有加工精度高于特制一等粉的各种精粉、精制粉,有加工精度界于特制一等粉和特制二等粉之间的各种市场适销品种,不少小麦粉加工企业都积极地创立自己的名牌产品,开发新的小麦粉产品,形成自己的产品特色。

小麦粉国家标准(GB1355—86)所列的质量指标有:加工精度、灰分、粗细度、面筋质含量、含砂量、磁性金属物含量、水分、脂肪酸值、气味和口味。不同等级面粉的差别主要在加工精度和灰分指标方面,见表 1—5。

面点原料

表1-5 小麦粉等级指标及其他质量指标

等级	加工精度	灰分（以干物质计）/%	粗细度	面筋质含量（以湿重计）/%	含砂量/%	磁性金属物含量/(g/kg)	水分/%	脂肪酸值（以湿基计）	气味口味
中筋小麦粉、特制一等	按实物标准样品对照检验粉色、麸星	0.55≤≤0.70	全部通过CB36号筛，留存CB42号筛的不超过10.0%	≥26.0	0≤0.02	≤0.003	13.5±0.5	50≤≤80	正常
特制二等	按实物标准样品对照检验粉色、麸星	0.70≤≤0.85	全部通过CB30号筛，留存CB36号筛的不超过10.0%	≥25.0	≤0.02	≤0.003	13.5±0.5	50≤≤80	正常
标准粉	按实物标准样品对照检验粉色、麸星	≤1.10	全部通过CQ20号筛，留存CB30号筛的不超过10.0%	≥24.0	≤0.02	≤0.003	13.5±0.5	50≤≤80	正常
普通粉	按实物标准样品对照检验粉色、麸星	≤1.40	全部通过CQ20号筛	≥22.0	≤0.02	≤0.003	13.5±0.5	50≤≤80	正常

特制一等粉、特制二等粉和标准粉的加工精度以国家制订的标准样品为准，普通粉的加工精度标准样品由省、自治区、直辖市制定。粗细度中的筛上剩余物，用感量1/10天平称量不出数的，视为全部通过。检验一般小麦粉固有的综合气味和口味，以及卫生标准和动植物检疫项目，按照国家有关规定执行。

(1) 加工精度。小麦粉的加工精度以粉色、麸星表示。粉色指小麦粉的色泽，麸星指混入小麦粉中的粉状麸皮。粉色高低、麸星多少，反映加工精度的高低。面粉的色泽是一项非常重要的外观质量指标，因为粉色给人的印象是直观的、明显的，在消费心理上，总认为面粉白一点的好。

正常的小麦粉不是很白的，带一点点浅黄色，有两个原因：一是粉中存在少量麦皮，它使小麦粉呈褐色或灰褐色。混在粉中的麦皮，不仅有显而易见的"微粒"，还有难以分辨的细粉末，使小麦粉的外观发暗；二是自然存在与小麦胚乳中的黄色色素（胡萝卜素、叶黄素等），这些色素在制粉过程中是去不掉的。

在制粉工艺方面，加工精度高，出粉率低，粉白，生产成本高；加工精度低，出粉率高，粉不白，生产成本低。当然加工精度高的小麦粉，主要是由麦心制成的，面筋质量相对比较好，所以食用品质要好一点。但是，小麦粉的色泽还与胚乳的色泽有关，而胚乳所含的色素与小麦的品种、蛋白质含量有关，一般蛋白质含量高的小麦粉不是很白。

(2) 灰分。小麦粉经高温灼烧后留下的残余物称灰分。灰分指标对小麦制粉有特殊的意义：在麦粒的不同组成部分中，麦皮、麦胚和胚乳的灰分含量有明显的差异，麦皮、麦胚的灰分含量（5%～10%）比较高，胚乳的灰分含量（0.3%～0.5%）很低。通过测定小麦粉的灰分值来衡量小麦粉的加工精度，反映小麦粉中含麦皮的多少。小麦粉灰分含量高，说明粉中含麸星多、加工精度低、小麦清理效果差。

(3) 粗细度。粗细度指小麦粉的颗粒大小。国家小麦粉质量标准中规定的粗细度要求是必须能通过指定的筛绢，实际上是规定了粉粒必须小于规定的尺寸，但没有对小麦粉的平均颗粒大小作出规定。小麦粉的粗细度对食用品质有一定的影响，如吸水率、吸水的均匀性等。小麦粉的粗细度对其色泽也有一定的影响，颗粒细的，感官上白一些，小麦粉越细，研磨所消耗的动力越多。

面点原料

(4) 面筋质。面筋质是小麦粉品质的主要指标之一。小麦粉中面筋质数量的多少和质量的高低,对小麦粉的适用性(对各种面制品的生产和品质)有重要影响。

各种不同的面制食品对面筋质数量和质量的要求是各不相同的,有的要求数量多,筋力强,有的要求数量少,筋力弱。作为通用小麦粉对面筋质的要求不能太低。

(5) 含砂量和磁性金属物。小麦粉中含粉状细沙的量称为含砂量。小麦粉含砂量高,影响食用品质,会造成牙碜的后果。混入小麦粉中的磁性金属物有碍人体健康。各种等级的小麦粉都有严格的含砂量和磁性金属物含量,不能超过限制。

(6) 水分。水分是小麦粉的一项很重要的指标,允许有一定范围的升降幅度。水分过高,小麦粉不耐储藏,易变质,特别是在高温潮湿的环境下容易出现问题;水分过低,影响粉色和出粉率,还影响经济效益。

(7) 脂肪酸值。小麦含有 2% 左右的脂肪,加工成小麦粉后,脂肪含量应该在 1% 以下。虽然小麦粉的脂肪含量不高,但小麦粉与空气接触的表面积很大,脂肪容易氧化、分解。脂肪的氧化、分解会使小麦粉中的游离脂肪酸量增加,这是劣变的开始,进一步发展会产生"哈味"。脂肪酸值与小麦的新鲜程度或贮存时间有一定的关系,正常情况下,小麦粉的保质期一般为三个月。

(8) 气味、口味。小麦粉应无不正常的气味和口味。小麦和小麦粉都有一定的吸附能力,存放不当,特别是与有不良气味的物质混放,会严重影响小麦粉的气味甚至口味。

小麦粉是必需消费品,与广大消费者的利益和健康有直接关系,所以小麦粉标准是强制性国家标准,必须达到规定的要求,特别是水分、卫生指标和质量等。卫生指标应符合 GB2715 的规定,使用的食品添加剂应符合 GB2760 的规定。

B. 专用小麦粉

面制食品不仅种类很多,而且各种面制食品的特性千差万别,所以各种面制食品对小麦粉的要求也是不同的。例如，有的面制食品要求小麦粉的面筋含量高、筋力强，而有的面制食品要求小麦粉的面筋含量低、筋力弱。

通用小麦粉不可能同时完全满足各种面制食品对粉的要求，于是，出现了各种专用小麦粉，也称食品专用粉。专用粉可以通过小麦粉配制的方法来生产，又称配制粉。

专用小麦粉与通用小麦粉之间的主要不同在于用途的针对性。例如，面包专用粉就特别适合于制作面包，它面筋含量高，面筋筋力强；饼干专用粉特别适合于制作饼干。因为专用小麦粉是根据各种面制食品对粉的特定要求生产的，十分注重粉质的稳定和均衡，品质更有保证，使用也更方便。

专用小麦粉的种类很多，各种专用粉之间的主要差别在于粉中蛋白质（面筋）数量和质量的不同。对面制食品来说，小麦粉中蛋白质（面筋）的质量比数量更加重要。

面制食品对小麦粉蛋白质（面筋）数量和质量的要求可以分成三种类型：面筋多而强、面筋中等数量和中等强度、面筋少而弱。所以专用小麦粉按蛋白质（面筋）数量和质量的不同分为：强力粉、中力粉、弱力粉或高筋粉、中筋粉、低筋粉。

按用途不同，专用小麦粉可分为、面包粉、馒头粉、面条粉、饺子粉、饼干粉、糕点粉等。

我国在1988年颁布实施了高筋小麦粉质量标准（GB8607—88）和低筋小麦粉质量标准（GB8608—88）。

1993年，原中华人民共和国商业部发布了专用小麦粉行业标准〔SB/T（10136～10143）—93〕，规定了面包专用粉、面条专用粉、馒头专用粉、饺子专用粉、发酵饼干专用粉、酥性饼干专用粉、蛋糕专用粉、酥性糕点专用粉的质量标准。每种专用粉都分成两个等级：一等为精制级专用小麦粉，二等为普通级专用小麦粉。

面制食品的食用品质是评价专用小麦粉质量的基本依据（表1—6～表1—15）。

面点原料

表1—6 高筋小麦粉质量标准（摘自GB8607—88）

等级	一	二
面筋质（湿基）含量/%	＞30.0	
蛋白质（干基）含量/%	＞12.2	
灰分（干基）/%	＜0.7	＜0.85
粉色、麸星	按实物标准样品对照检验	
粗细度	全部通过CB36号筛，留存CB42号筛的不超过10.0%	全部通过CB30号筛，留存CB36号筛的不超过10.0%
含砂量/%	＜0.02	
磁性金属物含量/（g/kg）	＜0.003	
水分/%	＜14.5	
脂肪酸值（湿基）	＜80	
气味、口味	正常	

表1—7 低筋小麦粉质量标准（摘自GB8608—88）

等级	一	二
面筋质（湿基）含量/%	≤24.0	
蛋白质（干基）含量/%	≤10.2	
灰分（干基）/%	＜0.60	＜0.80
粉色、麸星	按实物标准样品对照检验	
粗细度	全部通过CB36号筛，留存CB42号筛的不超过10.0%	全部通过CB30号筛，留存CB36号筛的不超过10.0%
含砂量/%	＜0.02	
磁性金属物含量/（g/kg）	＜0.003	
水分/%	＜14.5	
脂肪酸值（湿基）	＜80	
气味、口味	正常	

项目一 面点原料概述

表1—8 面包用小麦粉行业标准（摘自 SB/T 10136—93）

项目		精制级	普通级
水分/%		≤14.5	
灰分（以干基计）/%		≤0.60	≤0.75
粗细度	CB30 号筛	全部通过	
	CB36 号筛	残留量不超过 15.0%	
湿面筋含量/%		≥33	≥30
粉质曲线稳定时间/min		≥10	≥7
降落数值/s		250～350	
含砂量/%		≤0.02	
磁性金属物含量/（g/kg）		≤0.002	
气味		无异味	

表1—9 面条用小麦粉行业标准（摘自 SB/T 10137—93）

项目		精制级	普通级
水分/%		≤14.5	
灰分（以干基计）/%		≤0.55	≤0.75
粗细度	CB36 号筛	全部通过	
	CB42 号筛	残留量不超过 10.0%	
湿面筋含量/%		28	26
粉质曲线稳定时间/min		≤4.0	≤3.0
降落数值/s		≥200	
含砂量/%		≤0.02	
磁性金属物含量/（g/kg）		≤0.003	
气味		无异味	

面点原料

表1—10 饺子用小麦粉行业标准（摘自 SB/T 10138—93）

项目		精制级	普通级
水分/%		≤14.5	
灰分（以干基计）/%		≤0.55	≤0.70
粗细度	CB36号筛	全部通过	
	CB42号筛	残留量不超过10.0%	
湿面筋含量/%		28～32	
粉质曲线稳定时间/min		≤3.5	
降落数值/s		≥200	
含砂量/%		≤0.02	
磁性金属物含量/（g/kg）		≤0.002	
气味		无异味	

表1—11 馒头用小麦粉行业标准（摘自 SB/T 10139—93）

项目	精制级	普通级
水分/%	≤14.0	
灰分（以干基计）/%	≤0.55	≤0.70
粗细度	全部通过CB36号筛	
湿面筋含量/%	25.0～30.0	
粉质曲线稳定时间/min	≤3.0	
降落数值/s	≥250	
含砂量/%	≤0.02	
磁性金属物含量/（g/kg）	≤0.003	
气味	无异味	

项目一　面点原料概述

表1—12　发酵饼干用小麦粉行业标准（摘自 SB/T 10140—93）

项目		精制级	普通级
水分/%		≤14.0	
灰分（以干基计）/%		≤0.55	≤0.70
粗细度	CB36号筛	全部通过	
	CB42号筛	残留量不超过10.0%	
湿面筋含量/%		24～30	
粉质曲线稳定时间/min		≤3.5	
降落数值/s		250～350	
含砂量/%		≤0.02	
磁性金属物含量/（g/kg）		≤0.003	
气味		无异味	

表1—13　酥性饼干用小麦粉行业标准（摘自 SB/T 10141—93）

项目		精制级	普通级
水分/%		≤14.0	
灰分（以干基计）/%		≤0.55	≤0.70
粗细度	CB36号筛	全部通过	
	CB42号筛	残留量不超过10.0%	
湿面筋含量/%		22～26	
粉质曲线稳定时间/min		≤2.5	≤3.5
降落数值/s		≥150	
含砂量/%		≤0.02	
磁性金属物含量/（g/kg）		≤0.003	
气味		无异味	

 面点原料

表1—14 蛋糕用小麦粉行业标准（摘自 SB/T 10142—93）

项目	精制级	普通级
水分/%	≤14.0	
灰分（以干基计）/%	≤0.53	≤0.65
粗细度	全部通过 CB42 号筛	
湿面筋含量/%	22.0	24.0
粉质曲线稳定时间/min	≤1.5	≤2.0
降落数值/s	≥150	
含砂量/%	≤0.02	
磁性金属物含量/（g/kg）	≤0.003	
气味	无异味	

表1—15 糕点用小麦粉行业标准（摘自 SB/T 10143—93）

项目		精制级	普通级
水分/%		≤14.0	
灰分（以干基计）/%		≤0.55	≤0.70
粗细度	CB36 号筛	全部通过	
	CB42 号筛	残留量不超过 10.0%	
湿面筋含量/%		22.0	24.0
粉质曲线稳定时间/min		≤1.5	≤2.0
降落数值/s		≥160	
含砂量/%		≤0.02	
磁性金属物含量/（g/kg）		≤0.003	
气味		无异味	

自发面粉又称自发粉，自发粉大都为面粉和小苏打及酸性盐、食盐的混合物。因为自发粉中已有膨松剂，最好不要用它来取代一般食谱中的其他面粉，否则成品会膨胀得太厉害。

项目一 面点原料概述

强化面粉指在一般面粉中添加营养成分,如硫胺素,烟酸、铁、钙等维生素和矿物质。

全麦面粉又称全麦粉,是将整个麦粒研磨而成的面粉,全麦含丰富的维生素 B1、B2、B6 及烟碱酸,营养价值很高。

2)面粉的工艺性能

面粉的工艺性能包括面筋的工艺性能、面粉的吸水率、面粉的糖化力和产气能力、面粉熟化等。

A. 面筋的工艺性能

面粉的工艺性能主要取决于面粉中面筋质的数量与质量。将面粉加水经过机械搅拌或手工揉搓后形成的具有黏性、弹性的面团放入水中搓洗,淀粉、可溶性蛋白质、灰分等成分渐渐离开面团悬浮于水中,最后剩下一块具有黏性、弹性和延伸性的软胶状物质,就是所谓的湿面筋。面筋质主要是由麦胶蛋白和麦谷蛋白组成,这两种蛋白质占干面筋重的 80% 左右,其余 20% 左右是淀粉、纤维素、脂肪和其他蛋白质。面筋蛋白质具有很强的吸水能力,虽然它们在面粉中的含量不多,但调粉时吸收的水量却很大,约占面团总吸水量 60%~70%。面粉中面筋质含量越高,面粉吸水量越大。在适宜条件下,一份干面筋可吸收自重大约 2 倍的水。

通常,评定面筋质量和工艺性能的指标有延伸性、可塑性、弹性、韧性和比延伸性。

(1)延伸性:指面筋被拉长到某种程度而不断裂的性质。延伸性好的面筋,面粉的品质一般也较好。

(2)弹性:指湿面筋被压缩或被拉伸后回复原来状态的能力。面筋的弹性可分为强、中、弱三等。弹性强的面筋,用手指按压后能迅速恢复原状,且不黏手,不留下手指痕迹,用手拉伸时有很大的抵抗力。弹性弱的面筋,用手按压后不能复原,黏手,并留下较深的指纹,用手拉伸时抵抗力很小,下垂时,会因自身重力自行断裂。弹性中等的面筋,性能介于两者之间。

(3)韧性:指面筋对拉伸时所表现的抵抗力。一般来说,弹性

 面点原料

强的面筋,韧性也好。

(4) 可塑性:指湿面筋被压缩或拉伸后不能回复原来状态的能力,即面筋保持被塑形状的能力。一般面筋的弹性、韧性越好,可塑性越差。

(5) 比延伸性:以面筋每分钟能自动延伸的厘米数来表达。面筋质量好的强力粉一般每分钟仅自动延伸几厘米,而弱力粉的面筋可自动延伸高达一百多厘米。

B. 面粉的吸水率

面粉的吸水率是检验面粉品质的重要指标。它是指调制单位质量的面粉成面团所需的最大加水量。面粉吸水率高,可以提高产品的出品率,增加水分含量和柔软性。面团的最适吸水率取决于所制作面团的种类和生产工艺条件,最适吸水率意味着形成的面团具有理想的操作性能、机械加工性能、饧发、熟制工艺性质以及最终产品特征(外观、食用品质)。

影响面粉吸水率的主要因素有以下几方面。

(1) 蛋白质含量:面粉湿基吸水率的大小在很大程度上取决于面粉的蛋白质含量。面粉的吸水率随蛋白质含量的提高而增加。

(2) 小麦的类型:硬质、玻璃质小麦生产的面粉具有较强的吸水率。

(3) 面粉的含水量:面粉的含水量较高,面粉吸水率自然降低。

(4) 面粉的粒度:研磨较细的面粉,吸水率自然较高。

(5) 面粉内的损伤淀粉含量:损伤淀粉含量越高,面粉吸水率也越高。因为破损后的淀粉颗粒,水容易渗透进去。但是太多的破损淀粉会导致面团和制品发黏,使发酵制品体积缩小。

C. 面粉糖化力和产气能力

面粉糖化力是指面粉中淀粉转化成糖的能力。它的大小是用 10 克面粉加 5 毫升水调制成面团,在 27~30℃下经 1 小时发酵所产生的麦芽糖的毫克数来表示。由于面粉糖化是在一系列淀粉酶和糖化酶的作用下进行的,因此面粉糖化力的大小取决于面粉中这些酶的

项目一 面点原料概述

活性程度。

面粉糖化力对于面团的发酵和产气影响很大。由于酵母发酵时所需糖的来源主要是面粉糖化，并且发酵完毕剩余的糖，与制品的色、香、味关系很大，对无糖的发酵制品的质量影响很大。

面粉的产气能力是指面粉在面团发酵过程中产生二氧化碳气体的能力。它以 100 克面粉加 65 毫升水和 2 克鲜酵母调制成面团，在 30℃下发酵 5 小时所产生的二氧化碳气体的毫升数来表示。

面粉的产气能力取决于面粉糖化力。一般来说，面粉糖化力越强，生成的糖越多，产气能力也越强，所制作的发酵产品质量就越好。在使用同种酵母和相同的发酵条件下，面粉产气能力越强，制品体积越大。

D. 面粉的熟化

面粉的熟化也称成熟、后熟、陈化。刚磨制的面粉，特别是新磨制的面粉，其面团黏性大，筋力弱，不宜操作，生产出来的面包体积极小，弹性、疏松性差，组织粗糙、不均匀，皮色暗、无光泽，扁平易塌陷收缩。但这种面粉经过一段时间贮存后，其烘焙性能得到大大改善，生产出的面包色泽好，体积大，弹性好，内部组织均匀细腻。特别是操作时不黏、饧发、烘焙及面包出炉后，面团不跑气、不塌陷、不收缩变形。这种现象被称为面粉的"熟化""陈化"或"后熟"。

面粉"熟化"的原理是，新磨制面粉中的半胱氨酸和胱氨酸含有未被氧化的硫氢基团（—SH），这种硫氢基团是蛋白酶的激活剂，面团搅拌时，被激活的蛋白酶会强烈分解面粉中的蛋白质，造成上述的烘焙结果。新磨制的面粉，经过一段时间贮存后，硫氢基团被氧化（生成 S—S 基团）而失去活性，面粉中的蛋白质不会被分解，面粉的烘焙性能也因而得到改善。

3）面粉的质量标准与鉴定方法

面粉应以含优良面筋质多、水分少、色白新鲜、味道正常和杂质少的为好。

面点原料

A. 含水量鉴别

一般面粉普遍含有的水分为 $13.5\%\sim14.5\%$,过此限度,面粉就容易发热、结块、黏性减小、甚至霉变,但水分低的面粉比水分高的更易酸败,因此面粉一般不易久藏。鉴定面粉干湿度的方法,一般是将面粉抓起紧握一下再松开,如果面粉恢复原有的粉状,则干湿度合适;如果是粒状或成团,则是水分含量高(一般新麦粉含水量高)。

B. 新鲜度鉴定

新鲜度鉴定可从面粉的色泽、香味、触觉等方面来鉴别,用感官检验法。

色泽:察看面粉,色泽呈均匀的淡黄白色的为优质粉,略有麸屑灰点的为标准粉,有深灰色的一般为掺杂灰尘较多的劣质粉。

香味:凭嗅觉检验,良好的面粉有新鲜香味和轻微麦腥味,凡有土气、霉气、酸气、臭气等不良气味的都为变质粉。

滋味:将面粉放进舌面中部,反复品味,如有新鲜清淡、略带甜味的为优良面粉,有酸味、苦味等异味的说明面筋质已败坏变质,此粉已为变质粉。

触觉:用手指捏搓面粉有"软绵"感,如羊毛状感觉的均为优质粉,如感到过分光滑的则为软质粉或制粉技术不良的粉。

C. 面筋质的含量鉴定

面筋的含量与性质对面粉调成面团后的韧性、延伸性和弹性等都有很大影响。面粉含面筋量多的,不一定是面筋质好的。面筋质量的好坏,除取决于面粉品种外,也受温度、水分、贮藏条件等多种因素影响。因此,检验面筋性质是一项比较复杂的工作。

面筋颜色:面筋呈烛光灰黄色的为硬质优质粉,呈灰暗而无光泽的为硬质普通粉,呈白色的为软质粉。

面筋的延伸性:将一小块面筋用手指压拉成薄片,如薄片拉到透明程度而不破的为硬质粉,拉伸时易破裂的为软质粉。

面筋的质量:将洗出的面筋称出重量,计算同面粉总量的百分比。一般面粉里湿面筋含量占 $20\%\sim30\%$。凡是出粉率越高的面粉,

项目一 面点原料概述

其面筋含量越大,同一出粉率的面粉如含面筋量多,则面团的延伸力强。

(二)大米类

1. 大米的种类及特点、用途

制作面点的大米有粳米、籼米、糯米等。一般即可磨成米粉后使用,又可直接做成米饭或粥,我国用米类制作面点比用麦类的历史更早。

(1)籼米的特点是硬度中等、黏性小、胀性大、色泽灰白、半透明,呈细长形。适用于做干饭、稀饭,做干饭出饭率高。它主要产于四川、湖南、广东。籼米粉调成粉团后,因其质硬而松,能够发酵使用,制成籼米面发糕等。

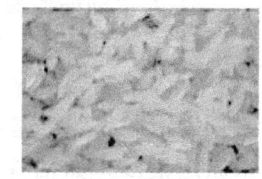

籼米

(2)粳米的特点是硬度高,呈丰满的短圆形、色泽蜡白、半透明,黏性低于糯米,胀性大于糯米。适用于做干饭、稀饭,做干饭出饭率中等。它主要产于东北、华北(天津)、江苏。用纯粳米调制的粉团,一般不能发酵使用,必须掺入麦类面粉方可制作发酵制品。

粳米

(3)糯米的特点是硬度低、黏性大、胀性小、色泽乳白不透明,但成熟后有透明感。糯米中凡米粒阔扁、呈圆形者,黏性较大;一般细长者,黏性较差。糯米除可制作做干饭、稀饭之外,还可做八宝饭、粽子等。主要产于江苏南部、浙江等地。磨成粉与其他

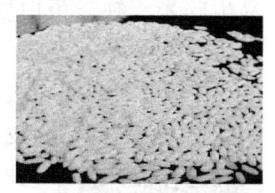

糯米

米粉掺和使用,用途很广,纯糯粉调制的粉团不能发酵。

2. 大米的营养成分

大米所含的蛋白质、淀粉和脂肪的营养成分与小麦基本相同,但大米所含的蛋白质主要是谷蛋白和谷胶蛋白,此种蛋白质经水洗后并不产生面筋,大米的营养成分见表2-1。

表 2-1　干物质 100 含量

大米种类	水分	蛋白质	脂肪	淀粉	粗纤维	矿物质	钙/mg	磷/mg	铁/mg
粳米	13	7.8	1.2	77	0.2	0.5	8	17.2	2.1
籼米	14	6.7	0.9	78	0.2	0.5	7	13.6	1.6
糯米	14.6	6.7	1.4	79	0.4	1.1	19	15.6	6.7

3. 大米的品质鉴定

（1）米的粒形。每种大米都有其特有的粒形。优质米粒形均匀整齐，碎米和爆腰米的含量少，没有未熟粒、虫蚀粒、病斑粒及糙米。所谓碎米，就是指粒形占整粒米体积的 2/3 以下的米，造成碎米原因很多，如稻谷成熟度不足、硬度小、腹白多、保管不好、加工过度及发热生虫等。所谓爆腰米就是米粒上有裂纹的米，造成原因是暴晒、风吹、干燥、高温等，这种米量多了会增加碎米的含量。

（2）大米的新鲜度。根据脱壳后加工时间的长短，大米可分为新鲜米和陈米两种。新鲜的大米滋味适口、有光泽、米糠少、无虫害杂质；陈米颜色暗、米糠多、容易染有虫害，夹杂物的含量较多。

（3）大米的腹白。粒呈乳白色不透明的部分叫乳白。籼米、粳米、糯米都可带腹白。带腹白的大米吸水能力降低，出饭率少、硬度低、易生碎米、缺乏蛋白质。因此，米粒腹白越大，米的质量越差。

糙米

（4）糙米：碾得不精的大米。糙米是稻谷脱去外保护皮层稻壳后的颖果，内保护皮层（果皮、种皮、珠心层）完好的稻米籽粒，由于内保护皮层粗纤维、糠蜡等较多而口感较粗，质地紧密，煮起来也比较费时，但其瘦身效果显著。与普通精致白米相比，糙米维生素、矿物质与膳食纤维的含量更丰富，被视为绿色的健康食品。

4. 镶粉

镶粉又叫掺粉。当单一的米或米粉不能满足制品对、软、硬、黏、韧的性质要求时，通过不同品种、等级大米以不同比例掺和或

项目一 面点原料概述

米粉与其他粮食粉料（如面粉、杂粮粉）掺和，互补各自不足，改善米团工艺性质，增进风味、提高营养价值，使制品软糯适度，熟后形态美观。

1) 镶粉的形式

（1）米粉与米粉的掺和：主要是糯米粉和粳米粉掺和，这种混合粉料用途最广，适宜制作各种松质糕、黏质糕、汤团等。成品软糯、韧滑爽口。掺和的比例要随米的质量及制作的品种而定。一般为糯米粉60%～90%，掺入粳米粉40%～10%。

（2）米粉与面粉的掺和：米粉中加入面粉能使粉团中含有面筋质。如糯米粉中加入适量面粉，其性质糯滑而有劲，成品挺实不走样。如果糯、粳镶粉中加入面粉成为三合粉料，其制成品软糯不走样，能捏做各种形态成品。

（3）米粉和杂粮的掺和：用米粉和玉米粉、小米粉、高粱粉、豆类粉、薯泥、南瓜泥等掺和使用，可制成各种特色面点。

2) 镶粉的方法

（1）用米的掺和方法：在磨粉前，将几种米按成品要求以适当比例掺和制成粉，即成掺和粉料。湿磨粉和水磨粉一般都用这种方法掺和。

（2）用粉的掺和方法：在调制粉团前，将所需粉料按比例混合一起。一般干磨粉、米粉与面粉、米粉与杂粮用这种方法掺和。

（三）杂粮

我国杂粮品种极为丰富，产量很高，如玉米、高粱米、小米、大麦、荞麦、糜子和豆类等。

1. 高粱米

高粱米的主要产区是东北各地。

高粱是高产作物，高粱去壳即为高粱米。高粱按粒色，可分为白色、黄色、黑色、红色等品种，白高粱的质量最好。按性质又可分为粳、糯两种。高粱米含有蛋白质9%～11%，淀粉70%左右，脂肪4%～5%。高粱米中的脂

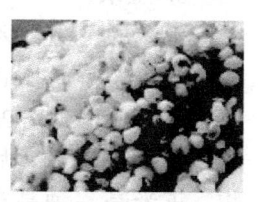

高粱米

面点原料

肪及铁的含量高于大米,但因米的皮膜中含有色素和鞣酸,因而若加工过粗则饭色发红、味涩,食用时会妨碍人体对蛋白质的消化。

高粱米的用途因品种不同而有些区别。粳性高粱米由于黏性差,适于做干饭、稀粥,不易做点心原料,而糯性高粱米(黏高粱米)磨成粉后,黏糯滑香,可制作糕、团、饼等面点。

2. 小米

小米主要产区集中在东北、华北、西北等地区。

谷子碾去外皮即为小米,小米早在五六千年前的原始社会末期即成为我国人民的主要粮食,至今还是我国西北地区人民食用的主食。小米具有耐久性、易储藏的特点。

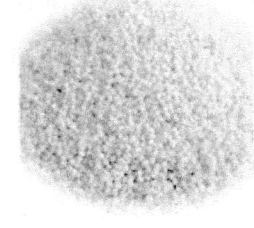

小米

谷子按壳色可分为白色、黄色、赤褐色、黑色等品种,以白色和黄色最普遍。按性质又可分为粳、糯两种。由于谷子在碾制过程中只碾去外皮,可保留较多的维生素,因此小米中维生素 B1 和维生素 B2 的含量很高(比大米和面粉多好几倍),另外还含有少量胡萝卜素。

小米含蛋白质 9.7%,淀粉 77%,脂肪 3.5%。

小米的用途因品种不同而各有差别。粳性小米松散硬滑,适于做干饭、稀粥,磨成粉后可单独制作发糕、饼类,与面粉掺和发酵也可制成各种面点;糯性小米又叫小黄米(或黄黏米),黏性大,磨成粉后,可制作各种黏食,如年糕、元宵等面点(中医认为,小米性温热,解毒益脾胃,催乳效果好。)

3. 玉米

玉米的主要产区黑龙江、河北、四川、山东、河南等省,其他各地均有种植。

玉米原产于南美洲。大约在 16 世纪中期,中国开始引进玉米,后逐渐成为我国的主要粮食作物。玉米是一种高产作物,在我国的杂粮中产量为第一位。

玉米

玉米亦称苞米、玉蜀黍、棒子、珍珠米、番麦、玉麦等。一般有黄玉米、白玉米、黑玉米、糯玉米、杂玉米五种。玉米营养丰富，胚乳中含有大量淀粉（70%左右）和一部分蛋白质（10%～12%），胚中除含无机盐和蛋白质外，还含有脂肪（4%～5%）、胡萝卜素和维生素B。白玉米黏性较强，黄玉米黏性较差。玉米面团韧性差，没筋力，松而发硬，不易变软。制作面点时，一般须烫后方可使用，以增强黏性、便于成熟。玉米可碾成大碴子、小碴子，磨成粉，可单独蒸制窝头、饼子。玉米粉与面粉掺和后可制各色发酵面点，也可制作各式蛋糕、饼干、煎饼等食品。糯玉米粉具有和糯米粉相同的特点，凡是糯米粉为原料的制品，都可用糯玉米粉代替。

在含有玉米淀粉的食品中，因玉米所含烟酸多呈结合形，不利人体消化、吸收，工艺中应采取添加小苏打等碱性原料的方法，使其分解为游离的烟酸，以利于人体消化、吸收。

德国营养保健协会的一项研究表明，在所有主食中，玉米的营养价值和保健作用是最高的。玉米中的维生素含量非常高，是稻米、小麦的5～10倍。同时，玉米中含有大量的营养保健物质，除了含有碳水化合物、蛋白质、脂肪、胡萝卜素外，玉米中还含有核黄素、维生素等营养物质，这些物质对预防心脏病、癌症等疾病有很好的效果。

4．糜子

糜子去皮后即为大黄米。大黄米颜色褐黄，粒较大，富有黏性，即可制作黏米饭、粽子等，又可磨成粉后做成各式糕、团类点心。

糜子

5．荞麦

荞麦熟称"三角米"，荞麦的子实可以磨成粉食用，这种粉即为荞麦粉。荞麦粉色黄劲差，西北名吃荞面饸饹即是用荞麦粉制做的，荞麦粉与面粉相掺后，可作冷面、饺子等。

荞麦

6．赤豆

赤豆又名小豆。赤豆以粒大皮薄、红紫有

面点原料

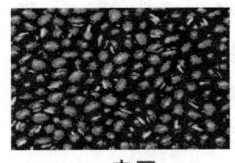
赤豆

光、豆脐上有白纹者品质最佳（河北省出产）；粒小、深赤色者品质较次（松花江一带出产）；还有一种粒子稍长、色深、灰暗不红或多花斑的，品质最差。上海崇明所产的"大红袍"色红、面软糯，质量为优。

赤豆性质软糯，沙性大，可作赤豆汤、小豆粥，煮熟后可制作赤豆泥、赤豆冻、豆沙、小豆羹等，是面点中甜馅的主要原料，与面粉掺和后，又可制作各式糕点。

7. 绿豆

绿豆品种很多，以色浓绿而富有光泽，粒大整齐者品质最好。用纯绿豆磨成的粉称"原豆粉"，可制绿豆糕或摊制豆皮等。与熟籼米粉掺和后称"标豆粉"，可作豆茸等馅心及一般饼类。绿豆与黄豆粉、熟籼米粉掺和后，称为"上豆粉"，可作一般点心。

绿豆

大豆

8. 大豆

我国是大豆的故乡，中国大豆闻名世界。按其种皮的颜色可分为黄大豆、青大豆、黑大豆、杂色豆等多种。大豆含有脂肪、蛋白质、碳水化合物、矿物质及维生素等营养物质。大豆所含的脂肪主要由不饱和脂肪酸的甘油酯构成，吸收率高，有很高的营养价值；它不但蛋白质含量丰富（干品含40%左右），而且质量好，是一种营养价值很高的完全蛋白质，为植物性蛋白质之首；它还含有维生素A、维生素B1、维生素B2，在发芽时可产生维生素C和维生素PP。此外，它还含有人体所需的钙、磷、铁等矿物质。

黄大豆的蛋白质、脂肪丰富，为油料作物，营养价值最高。黄豆粉黏性差，与大米粉掺和后可制作团子及糕饼，用玉米或小米面制作窝头或丝糕时，可以掺入黄豆粉，用以改善制品口味，增加营养成分。用葱油将黄豆面炒熟后可除去豆腥味，制成豆茸馅心，还可制成豆腐及酱制品。

9. 扁豆、豌豆、蚕豆等

扁豆、豌豆、蚕豆这些豆类一般具有软糯、口味清香等特点，煮熟捣成泥可做馅心，与熟籼米粉掺和后，可制作各式糕点及小吃，如扁豆糕、豌豆糕、蚕豆糕等。

扁豆
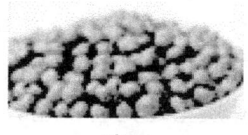
豌豆

蚕豆

10. 澄粉

澄粉即小麦淀粉，制成品呈半透明状、色泽洁白、质地细滑、口感爽滑或酥脆（蒸则爽，炸则脆），如虾饺、晶饼、水煎包、翡翠酥饺等。

11. 粟粉

粟粉即玉米淀粉，粉质细滑洁白，吸水性强，糊化后易于凝结，凝结至完全冷却时，呈爽滑、无韧性、有弹性的凝固体，适宜制作凉糕、芡汁。

12. 西米

西米也称西谷米，是由淀粉经冲浆、轧丸、烘焙干制而成的圆珠形粉粒。粉粒有大小之分，大西米形如黄豆，小西米如高粱米大。西米原产于印尼，是从一种西谷椰树上提取树干内白色淀粉加工成圆形粉粒而成。优质西米色白，耐煮，成熟后透明，不黏糊，质地坚韧而糯性强。

西米

（四）薯　类

甘薯

1. 甘薯

甘薯含有蛋白质1.8%、淀粉30%、脂肪0.2%，营养很丰富。由于所含淀粉很多，因而质软而味香甜。还由于糖分大，与其他粉掺和后，有助于发酵。将甘薯煮熟、捣烂，与米粉等

面点原料

掺和后，可制作各类糕、团、包、饺、饼等。干制成粉，又可代替面粉制作蛋糕、布丁（西式点心）等各种点心。

2．马铃薯

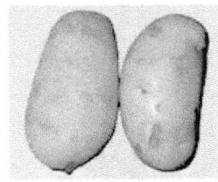

马铃薯

马铃薯也称土豆、洋山芋、山药蛋，性质软糯细腻，去皮蒸、煮熟捣成泥后，可单独制做煎、炸类各色点心。它与面粉、米粉等趁热揉制，可制作各类糕点。操作时应注意所选用马铃薯是黏质型还是粉质型，黏质型马铃薯蓉黏韧性强，不易制作象形制品，可用于制作饼类品种；粉质型马铃薯茸性质较松散，缺乏韧性，成形操作不便，成品质量欠佳。可在粉质马铃薯茸中添加熟澄粉面团，增加皮坯的黏性、可塑性，改善皮坯的性质，用于马铃薯卷、饺、象形制品的制作。

3．慈姑

慈姑略有苦味，黏性差，与面粉掺和后使用，适于制作烘、炸类食品，口味香脆。其用途与马铃薯相似。

慈姑

4．山药

山药色白、细软、黏性很大，可单独蒸食，亦可作拔丝山药、山药泥等甜菜。蒸熟去皮捣成泥与面粉、米粉掺和能做各式糕点。

山药

5．芋头

芋头

芋头亦称芋艿，性质软糯，单独使用可作糖芋艿、芋艿羹等。蒸熟后去皮捣成芋泥，与面粉、米粉掺和后，可做各式糕点。

6．荸荠

荸荠又称地栗、马蹄，黏性滑而劲大，其粉可加糖冲食，除可作地栗冻等冷点外，还可做馅心。煮熟去皮捣成泥后，与淀粉、面粉、米粉掺和，能做各式糕点。

荸荠

三、制馅原料

制作面点的馅心原料多种多样,所以制作馅心的原料种类多种多样。一般来说,凡是可烹制菜肴的原料,均可用来调制馅心,如荤馅类的肉类、禽类、蛋类、水产品和海味品等;素馅大部分为蔬菜、豆类及豆制品等;甜馅需各种蜜饯、水果、干果等。但是在选料时必须根据原料的特点和品种的要求合理选择。

（一）咸馅原料

在馅心制作中,咸馅的用料最广,也是使用最普遍、最广泛的。根据原料的使用和制作,咸馅一般分为素馅和荤馅两大类。

1. 素馅原料

1）鲜素馅原料

鲜素馅原料多选用新鲜蔬菜。蔬菜的新鲜度可以从其含水量、形态、色泽等方面来检验。其含水量应保持原有正常水分,表面有润泽的光亮,切断面有丰富的水汁流出,形态饱满、光滑、无伤痕,色泽保持固有的颜色,鲜艳而有光泽。各种蔬菜上市的季节和各自的特点都不尽相同,所以制馅时必须考虑蔬菜的上市的淡、旺季节和它们的特点、性质。常作馅心的蔬菜有韭菜、大白菜、甘蓝、西葫芦、大红萝卜、大葱等。

（1）韭菜：要求选择鲜嫩的。一般我们选用茎部粗3mm左右,叶宽3～4mm,叶挺拔且带着露水,叶尖断面处有汁水流出,色泽浅绿,剁馅后,屋里充满了韭菜的清香,这样的韭菜最鲜嫩。韭菜最鲜的季节是春秋季。

（2）大白菜：一般选用略呈球形,白口小棵菜,重3～4斤,淡绿色,以农家肥生长的含水量适中的为佳,口味甜脆,富有白菜的清香。

（3）甘蓝：又叫大头菜,一般选用淡绿色、实心菜,可用擦板擦馅。

（4）芹菜：一般选用旱芹,其菜香味浓郁,色泽浅绿,脆嫩,折断后有汁液溢出；深绿色、纤维多的不宜选用。

（5）西葫芦：一般选用长 12cm 左右，粗直径 5cm，瓢子还没形成的小嫩瓜，处理好了 1 斤能出 6～7 两食材。

（6）大葱：最好选用东北鸡腿葱，其辛辣味浓厚，挥发性物质含量高，加热时葱的芳香味浓郁。

（7）萝卜：一般选用大红萝卜，皮红肉白、多汁、味甜、质地脆嫩、含水量充足，不糠。

2）干菜原料

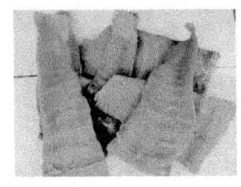

玉兰片

干菜原料是植物原料经脱水加工的干制品。干菜要选择干爽、整齐、均匀、完整、不碎、无杂质、无虫蛀、不改变色泽、不霉烂的。一般选择品质好的干制菜，仔细摘除有霉坏的部分，以清水反复涮干净。如果不摘除霉坏部分，就可能破坏馅心口味，甚至引起食物中毒。常作馅心的干菜有木耳、蘑菇、玉兰片、黄花菜等干菜。

（1）木耳：一般选用黑亮、朵大、质嫩、肉厚、无皮壳者。

（2）蘑菇：品种很多一般选用无虫蛀、无杂质、有清香味者。

（3）玉兰片：一般选用质细、脆嫩者。

黄花菜

（4）黄花菜：一般选用菜条长厚、整齐、色金黄、未开花、有光泽、干透者。

2. 荤馅原料

荤馅原料：一般家畜、家禽和飞禽走兽的肉及蛋类、水产品等均可作制馅原料。

1）家畜

（1）猪肉：质好的瘦肉呈淡红色、有光泽，脂肪呈白色，油光发亮，用手抚摸，肉坚实而带有弹性；质差的肉，表面有一层风干的硬皮，色泽暗淡，呈白色或灰色，肉质软而无弹性；变质的肉，有黏性分泌物流出，色泽青蓝。皮细小的为嫩猪，毛孔粗糙的多为老猪。

项目一 面点原料概述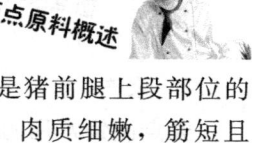

生猪肉馅：一般最好选用"前夹心肉"，就是猪前腿上段部位的肉，这块肉，有肥有瘦，瘦里夹肥，整块肉少，肉质细嫩，筋短且少，其肥瘦肉的比例是肥肉占40%，瘦肉占60%，遇水后胀发性强，适于制作水打馅。

（2）牛肉：质好的呈鲜红色（如老牛肉则呈紫红色），肉质结实有光泽，肌肉纤维较细，如用刀插入肉里，拔出时有弹性感觉，刀口处收缩很快；质差的，和上述现象相反，无光泽、肉质松软、纤维较粗，用手指按捏凹处不能立即复原。制作馅心应选用鲜肉而无筋络的肉为好，否则馅心不易熟烂。

牛肉馅：一般选用牛的颈肉、上脑、脊背、肋条四部分，因其肉丝短、肉质嫩、筋少，吃水量多。

（3）羊肉：羊肉和牛肉一样没有明显的肥瘦之分。选用羊肉时，最好选用膻味较轻的绵羊肉。一般质优的绵羊肌肉结实，肉纤维细软，色暗红（年龄越小色越浅，老羊肌肉纤维较粗、色暗）；反之，则质差。制作馅心，以肥嫩无筋的部位为好。

羊肉馅：一般选用羊的颈肉、脊背、肋条、胸脯部位。这些部位肉质嫩、肥瘦均匀。

2）家禽

鸡、鸭、鹅肉：制作馅心应选用当年的幼禽。凡是水解的光鸡、光鸭、光鹅，质好的，基本是皮肤湿润、肌肉结实，眼球凸出而有光泽，脂肪分布均匀；质差的，色泽昏暗而带青赤。鹅、鸭等以皮色白净、肉厚、臀大而圆、体重、肉质结实有弹性。背和腿部有脂肪的则好；如骨硬皮韧，肉松而无弹性，背部无脂肪，则差。

家禽馅：一般选用胸脯肉，其肉质细嫩，吃水量多。鸡肉是调制三鲜馅原料之一，宜选用一年左右的母鸡脯肉，其肉质洁白肥嫩。鸡蛋亦可作为馅心的原料。

3）野味

面点制作常用的野味有鸽子、鹌鹑、野鸭等。这些原料肉质鲜美，其肉均可作为馅心，制成宴席点心。鸽蛋、鹌鹑蛋亦可作为馅心的原料。利用野鸭制成的野鸭包是江苏代表名点。

4）水产

面点制馅常用的水产有新鲜的鱼、虾、蟹、贝等。

（1）鱼：质好的鱼，有光泽，鳞整齐，鳃鲜红，眼睛透出而凸显，肉结实而有弹性，用力切鱼肉时，刀口处闪闪发亮；质差的鱼，皮干枯，鳃呈灰红或灰白色、眼球下陷、肌肉松发、无弹性、鳞易于脱落，用刀切鱼肉时，骨与肉脱离。制作馅心时应选用条大、肉厚、刺少、肉嫩、出肉率高的鱼，如大白鱼、黑鱼、鲆鱼、鲟鱼、鲅鱼等，要求新鲜。

（2）虾：质好的虾，头尾整齐、身略挺、肉质结实、细嫩、并略微弯曲，色泽青中带绿或青白色，虾壳发亮；质差的虾，虾头尾易脱落，肉质松而软，身较弯曲，色泽是红或灰紫色，皮壳暗淡无光泽。制作馅必须将虾挤成虾仁，凡是明虾、青虾、草虾等的肉仁均可使用，最好选用对虾，要求新鲜。

（3）蟹：有湖蟹、河蟹、海蟹等。要选用活蟹，死蟹不能食用。质好的蟹，肉质结实，肥壮鲜嫩，壳青肚部色白；差的蟹，肉质松软。制作馅必须去壳剥出蟹肉和蟹黄，再加工成馅。

（4）其他类：凡新鲜的贝、蛤类水产品均可作馅，口味别具一格。

（5）干贝是由一种贝壳肌经过干制而成，以粒大、完整、有光泽者为好。

（6）海参是一种棘皮动物，以个大、肉厚、无沙者为上品。

（二）甜馅原料

1. 豆类

豆类是制作泥茸馅的常用原料，既可煮熟捣烂后制成豆泥馅，又可将豆泥再进行加工制成豆沙馅。

（1）赤豆：以色红、面软、沙多者为佳，制成豆沙、豆泥，即可用于包馅。

（2）豌豆：煮熟捣成豆泥，即可包馅使用。

（3）绿豆：择其粒大色绿者，制成豆茸和生豆芽，用以包馅。

2. 干果类

各种干果均具有特殊的风味，用以制馅，既可丰富馅心的内容，又可增加馅心的味道。常用以制馅的干果有核桃仁、瓜子仁、芝麻、花生、杏仁、莲子、荔枝、桂圆、栗子、乌枣、红枣等。这些原料富有营养，且具有天然的浓郁香味。选用时以肉厚、体干、质净、有光泽者为佳。

1) 果仁

果仁是指干果的核和仁，是甜味馅的常用原料，其品种多种多样。

（1）核桃仁：将核桃树果实的种核砸去核壳，拣清桃膈，便是核桃仁，简称桃仁。脱壳后，肉分两瓣，形如小鸡冠花，脱皮后肉呈象牙色。以粒大、身干、色泽白净、含油量高为佳。

（2）瓜子仁：简称瓜仁，将瓜子加工去壳，多以拌馅为主。以干洁、饱满、圆净、颗粒均匀为好。

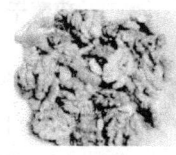

核桃仁　　　　　瓜子仁　　　　　松子仁

（3）松子仁：为松树种实的核仁，其仁要求颗粒大、仁肉饱满、仁色乳白、霉粒少、干燥。

（4）杏仁：杏仁是指普通杏和巴旦杏的核仁。杏仁的品种繁多，通常概括为苦杏仁与甜杏仁两大类。苦杏仁苦有微毒，专供药用或工业用；甜杏仁味甜无毒，供食用。杏仁的性状上尖下大，心形，有外膜，以颗粒扁大、仁肉饱满、色泽清新、颗粒干燥为好。

（5）橄榄仁：橄榄仁是乌榄的核仁，简称榄仁。榄仁两端尖，中部圆而扁润，有红润（衣）裹体，肉色洁白，肉质呈横裂纹，油质重，入口甘香。以颗粒肥大均匀、仁衣洁净、仁色白、脂肪足、破粒少的品质为好；颗粒干瘪、仁肉僵硬的质次，仁肉泛黄的已属变质。

面点原料

　　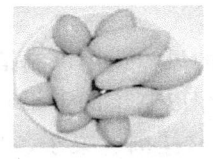　　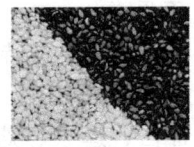

　　杏仁　　　　　　橄榄仁　　　　　　芝麻仁

（6）芝麻仁：即芝麻，常用的有黑、白两种。黑芝麻多用作制馅，白芝麻则用于外皮为主。以干洁、饱满、无杂质及颗粒均匀为好。

（7）花生仁：花生仁是脱壳花生的籽，外表有花生仁红膜，身长圆、肉白，质量以粒大身长、含油脂多为好。

　　　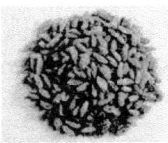

　花生仁　　　　红枣　　　　莲子　　　　葡萄干

2）红枣

红枣是鲜枣的干燥品，皮色红艳，肉甜而质糯。其品质要求是：干燥、掰开枣肉不见丝纹（断丝）、颗粒大而均匀、颗形短壮圆整、皱纹少而浅、核小、皮薄、肉质细实、甜性足、无酸、苦、涩味。

3）莲子

莲子是莲花的籽干晒而成。品种有湘莲、湖莲、建莲等，其特点是外衣赤红色、圆粒形，里有莲心二株，食用时要除去，莲子味醇而香，多作香嵌增色和馅料用。

4）葡萄干

葡萄干是鲜葡萄的干制品，入口柔软甜蜜，鲜醇可口。根据其色泽，可分为红、白两种。以颗粒干、壮实、柔糯、干燥、甜蜜的为上品。

3. 水果蜜饯类

新鲜水果，如桃子、菠萝、李子、杨梅、枇杷、橘子、苹果、梨、杏等，既可用于做点心的配料和制馅，又能单独制作水果羹、水果冻等。

蜜饯是使用高浓度的糖液或蜜汁,浸透果肉加工而成。蜜饯食品可分为干制与带汁两大类。干制者一般以鲜果直接用糖液浸煮后,晒干或烘干的干性制品。特点是果身干爽,保持原色,质地透明。带汁者则泛指用鲜果或晒干的果坯做原料,经糖液浸煮后,加工成半干性制品,果形丰润、甜香俱浓、风味多样。蜜饯果品的品种主要有蜜枣、苹果脯、杏脯、桃脯、梨脯、金橘饼、山楂、糖藕、糖冬瓜条、青梅等。在蜜饯中还有各式果料,这些果料是指以柚皮、橙皮、生瓜、胡萝卜等为原料,切成丁、丝、块、条,浸染红、绿、黄等食用色素,再用糖腌制成的一些品种,主要为月饼、糕点、甜食时配色用。典型品种有红丝、绿丝、红瓜、绿瓜、黄瓜、红卜、绿卜、黄卜、青丁、黄丁等。这些原料大都用于八宝饭、蜂糕、甜羹等食品,也可用于糕饼馅心的配料。总之,蜜饯原料具有各种色泽和不同形状,除能增加食品的香甜风味外,还可在点心表面镶嵌各种花卉图案,以调制食品的色彩,提高成品的质量。

4. 鲜花类

鲜花具有味香料美的特性,用以配制馅心,可提高成品的味道,沁人心脾。常用的鲜花有桂花、玫瑰花、茉莉花、白兰花等,它可作为糕点、果冻等面点的配料,使食品芳香可口、色泽美观,增进人们的食欲。

三、其他原料

1. 琼脂

琼脂又称冻粉,系用海藻类石花菜、牛毛菜等为原料,除净杂质,用沸水溶化后,提净砂子,凝结后干制而成。琼脂无色、无味,外形有细条、长条、薄片、小块等几种不同形状,以细条为佳。

琼脂

琼脂加热后逐渐溶解,冷却时变成凝固透明块状,凝固性强,用1%的琼脂溶液,即可制成较稳定的凝固体。凝胶易使食品着色,所以能制作不同色彩的冷冻糕点,如西瓜冻、水果冻、杏仁豆腐等。

面点原料

皮冻

2. 皮冻

皮冻是用肉皮熬制而成的。肉皮含有丰富的胶质蛋白质,煮熟后绞剁成茸,再煮制成液体,冷却后即成皮冻。适宜做各式小笼汤包,在馅心中掺入凝固的皮冻,便于包捏,蒸熟后汁多肥嫩,味道鲜美,具有独特的风味。

四、调味和辅助原料

调味原料和辅助原料在面点制作中具有重要作用。它即可用于制馅,又可直接用于调制面团或其他坯料,能够增加制品的口味,改变面团的性质,提高制品的质量。

(一)调味原料

调味原料的主要作用是使面点制品减少或消除其原料中某些不良异味,增加其色泽,香气和滋味,达到味美适口的效果。调味原料的种类很多,大致可分为六类:咸味类、甜味类、鲜味类、辣味类、香味类、其他。

1. 咸味类

(1)食盐:有粗盐、精盐之分。精盐是由粗盐精制而成的,以色泽洁白、味道纯正、不含苦味、不含杂质者为佳。

(2)酱油:既有咸味,又有鲜味,还可以增加馅心色泽。其品种较多,如酱油、生抽、老抽、海鲜酱油、白酱油等。

(3)酱:除可调制馅心外,也可做炸酱,常用的有甜面酱和豆瓣酱。甜面酱:又称面酱、甜酱,甜面酱是面粉加种曲后发酵而成的我国发明的传统调味品之一。成品呈稠粥状,红褐色有光泽,味甜咸鲜,并有特殊的酱香味。其含糖量在20%以上,比一般黄豆酱高7倍,故甜味明显。

2. 甜味类

(1)蔗糖:蔗糖品种较多,按其色泽和形状划分,可分为白砂糖、绵白糖、冰糖、赤砂糖、片糖、方糖、糖粉等不同品种。常用的有绵白糖、白砂糖,以颜色洁白、有光泽、颗粒均匀、无杂质、甜度高为上品。一般用于制作糖馅或调剂各种甜馅。

（2）饴糖：饴糖即为糖稀，用大麦加工而成，呈稀浆状，有较高稠黏性，暗红色，略有酸味，主要用于改进成品色泽，增加体积和弹性或充当黏合剂，是做萨其玛、套环等品种的重要原料，也是制作烧饼的必备原料。

饴糖

（3）蜂蜜：含有芳香物质和大量的果糖及葡萄糖，故味道特别香甜，多用于制作特色的营养糕点。

3. 鲜味类

（1）高汤：有猪肘、母鸡、肥鸭等原料经过反复的熬煮，清洗杂质而制成。其味道清香纯正，是各类馅心制作所需要的上等调料。

（2）味精：学名谷氨酸钠，最初采用酸水解法，利用小麦面筋等蛋白质原料制成。现主要利用微生物发酵方法，由淀粉制成。味精溶解于300倍的水中，仍有鲜味。

（3）鸡粉：鸡粉是用上等肥鸡为主料，经科学方法提炼而成，具有鸡的天然风味。它不仅鲜度大于一般味精，而且含有人体必需的核苷酸、氨基酸和铁、磷、钙。它呈金黄色，富有营养、鲜香诱人，风味高雅。

（4）蚝油：是高级鲜香调味品。它是用鲜蚝（海蛎子）肉及其分泌的汁液一同煮熟过程中所渗出的汁液加工浓缩而成。其液体浓醇而不浑浊，色泽棕褐微透明而光亮，味鲜并带有特殊的海鲜腥香。目前畅销的品种有李锦记蚝油、沙井蚝油、三井蚝油。

（5）鲜贝露调味汁：以优质水解大豆蛋白为基础，辅以干贝、增味剂精制而成，具有纯正的海鲜风味。

白胡椒粉

4. 辣味类

（1）辣椒油：辣椒与油熬制而成，颜色鲜红、味辣而香，用以佐食各种面食，可以增加食欲。

（2）胡椒粉：具有强烈的芳香和辛辣味，有去腥解膻解腻、开胃增食的效用。

胡椒有白胡椒和黑胡椒之分，白胡椒的质量比黑胡

椒要好。胡椒有健胃、解热、消痰、利尿,以及缓解鱼、蟹等引起的食物中毒。

(3) 咖喱粉:色黄,味辛,去除腥膻,是西餐中重要调味品,在中点中可做咖喱包、咖喱饺、咖喱炒饭等。

(4) 葱:按葱白的长短,分长葱白与短葱白两种,前者以山东章丘所产章丘大葱(也称"梧桐葱")为最佳,葱白长度可达70厘米,直径4厘米,脆嫩爽甜、微辣、解腻、易生食;后者有"鸡腿葱""对叶葱"等优良品种,以"鸡腿葱"为最佳。葱具有辛辣味道,调味时取其香味,在制馅中用途较广。葱还可作为多种面点的配料,增加品种葱香味,如葱油饼、萝卜丝饼等。

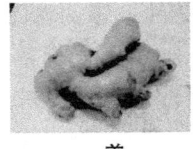

姜

(5) 姜:也称生姜、黄姜,其肉质鲜黄色,是薯芋类蔬菜,也是一种香辛型调味品,具有去腥、增香、增辣、祛寒湿、解毒等作用。民间有"上床萝卜下床姜","早吃三片姜,赛过喝参汤"之谚语。

5. 香味类

(1) 酒:主要指黄酒,调味时可起去腥、提香的作用。

(2) 花椒:具有麻辣味和香气的调味品。以粒匀、浅紫色的为佳。花椒面在肉馅中可增香、去腥膻异味。

(3) 八角:又称大茴香、大料,香味浓,并略带八角甜味,有去腥提香的作用。

(4) 桂皮:又称肉桂,既是药材又是调味品,味香甜,有去腥提香的作用。

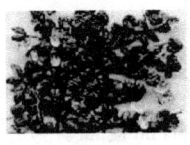

花椒

八角

桂皮

(二) 辅助原料

辅助原料主要用于改善面团性质,使制品形成酥松多孔、柔软体大、酥脆、色泽美观等不同特色。

1．油脂

油脂既是制馅原料，也是调制面团的辅助原料，在成形操作熟制过程中也经常使用。因此，油脂是面点制作中重要原料之一。

油脂是油和脂的总称，在常温状态下，呈液体状态的称为油，呈固体或半固体状态的称为脂。

1）油脂的主要成分

油脂的主要成分是脂肪酸和甘油。脂肪酸分饱和脂肪酸和不饱和脂肪酸。

（1）饱和脂肪酸性质比较稳定，不易与其他物质起化学变化。如猪油等，含饱和脂肪酸较多，制作面点有良好的乳化性、起酥性、可塑性，色泽良好，风味较佳。

（2）不饱和脂肪酸内因含有双键，化学性质不稳定，易与其他物质发生变化，易被空气中的氧气氧化，使油或制品氧化酸败，如豆油、花生油等；含不饱和脂肪酸多，其可塑性较动物油脂差，色泽较动物油差，使用量过多油易游离，使面团走油，影响面团质量。

（3）磷脂在动植物油中的含量，植物油要比动物油高，其中尤以大豆和棉籽油含量最多。

油脂中所含的磷脂按其化学构造可分为卵磷脂和脑磷脂。磷脂最重要的性质之一，是它能降低水溶液的表面张力，是一种天然的乳化剂，能够使糖、油、水等物质混合得很完全，形成稳定的乳浊液。当油加热时磷脂会产生大量泡沫，并在锅底结成黑褐色沉淀物。

2）面点制作中常用的油脂种类

面点制作中常用的油脂有动物油脂类和植物油脂类。动物油脂有猪油、奶油、人造奶油、牛脂，植物油脂主要有花生油、芝麻油、豆油、菜籽油、椰子油、棉籽油。

A．动物油脂类

（1）猪油。猪油在酥类面点中用量最多，具有色泽白、味道香、起酥性好等优点。猪油的熔点较高，28~48℃利于加工操作。猪油分熟猪油和板丁油两种。熟猪油

猪油

面点原料

是由板油、网油及肉油熔炼而成，在常温下为白色固体，多用于酥类点心；板丁油是由板油制成的，多用于馅心中。

（2）牛脂和羊脂。牛脂和羊脂含脂量较低，质量不如猪油，具有特殊气味，使用不多。牛脂和羊脂的熔点很高，牛脂40～50℃，羊脂44～45℃。它便于面点的成形和操作，但由于熔点高于人体温，故不易被消化和吸收。

（3）奶油。奶油又称黄油或白脱油，它是从牛乳中分离加工制成的。它具有特殊的芳香；易消化，营养价值较高，常被用于制作高级点心。奶油的成分中，乳脂肪的含量约80％，水分约16％，其中丁酸是构成奶油特殊芳香的来源。由于奶油中含有较多的饱和脂肪酸甘油酯，使它具有一定的硬度，这样就使奶油具有良好的可塑性。奶油的熔点为28～30℃，凝固点为15～25℃，在常温下成固态的油脂。在高温下软化变形，这是奶油的弱点。故夏季不能用奶油来装饰糕点。奶油是微生物的良好培养基，在高温下易遭细菌和霉菌的污染。奶油中的不饱和脂肪酸易受氧化和酸败，高温或日光会促进氧化的进行。奶油由于具有以上特性，故要求在冷藏温度下保存。

（4）人造奶油。人造奶油是由氢化油、色素、香料、精盐和小量奶油等制成，是奶油的良好代用品。脂肪含量为85％～89％，其乳化性、起酥性、可塑性均较好，制出的成品柔软而有弹性，常用于制作点心。人造奶油香味较差，与奶油相比不易为人体吸收。

B. 植物油脂类

（1）花生油。花生油是从花生中提取出来的，常有花生的香气。我国华东、华北等盛产花生的地区多用花生油作为面点的原料。

（2）芝麻油。芝麻油是从芝麻中提取出来的，具有特殊的香气，故又称香油。由于加工方法不同，芝麻油可分为小磨香油和大槽油。小磨香油香气醇厚，品质最佳，是我国上等食用植物油，用于较高档的面点中。

（3）大豆油。大豆油是我国的主要食用油之一，产于我国东北各省，按加工方法不同，可分为冷榨油、热榨油和浸出油。大豆油中亚油酸含量高,不含胆固醇,长期食用对人体动脉硬化有预防作用。大豆油消化率高,可达95%,而且含有维生素A和维生素E,营养价值很高,故大豆油多用于面点制作中。在面点中使用的植物油脂还有椰子油、菜籽油、棉籽油等。植物油在常温下成液态,因常有植物油气味,故使用时须先将油熬熟以减少不良气味。在各种植物油中,以花生油和芝麻油质量最佳,豆油次之。

(4) 色拉油。色拉油可由豆油、菜籽油、玉米油、棉籽油、红花油、向日葵油等精炼制成,可以由一种原料油制成,也可以由几种原料油混合制成。精炼中主要经过脱胶、脱酸、脱臭及脱蜡等工序。成品色浅、味道清淡,因除掉了挥发性杂质,故发烟点升高,能适用于高温油锅。同时也减少了高温挥发物,减轻了对工作人员的危害。

3) 油脂在面点中的作用

(1) 馅料掺入油脂,可使成品口味润美,色泽鲜明,并可增强柔软性和营养价值。

(2) 在调制面团时掺入油脂,成为油酥面团,可制成具有层次和酥松性的成品(但油脂用量过多,在面团混合过程中,也会使面团颗粒和酵母细胞外面包一层油膜,影响面筋的形成和酵母的发酵)。

(3) 在成形过程中,适当用些油脂,能减低面团的黏着性,便于操作。

(4) 利用不同油温的传热作用,可使制品产生香、脆、酥、嫩等不同味道和不同质地。

2. 糖

糖是面点中重要的调辅料,除了使面点具有甜味,还能改善面团的品质。

1) 面团中常用的糖类

面点制作中常使用的糖类,主要有蔗糖和饴糖两种,此外还有蜂蜜和糖精等。

面点原料

A. 蔗糖

蔗糖是由甘蔗、甜菜榨取而来,根据精制程度、形态和色泽大致可分为白砂糖、绵白糖、赤砂糖、红糖、冰糖、糖粉等。

白砂糖

(1)白砂糖:简称砂糖,纯度很高,蔗糖含量在99%以上。白砂糖为粒晶体,根据晶粒大小可分为粗砂、中砂、细砂三种。细砂糖又称作食用糖,溶解较快,在面点中运用较为普遍。而粗砂糖较为经济,常用于含水量较高的产品和各种需要烹煮的产品。

(2)绵白糖:晶粒细小、均匀、颜色洁白,在制糖过程中加入了2.5%左右的转化糖浆,故质地绵软、细腻。绵白糖纯度低于白砂糖,含糖量为98%左右,还原糖和水分含量高于白砂糖,甜味较白砂糖高。因成本高,通常只用于高档产品。

绵白糖

(3)赤砂糖:又称赤糖,是制造白砂糖的初级产物,是未脱色、洗蜜精制的蔗糖制品,蔗糖含量为85%~92%,含有一定量的糖蜜、还原糖及其他杂质,颜色呈棕黄色、红褐色或黄褐色,晶粒连在一起,有糖蜜味。

(4)红糖:属土制糖,是以甘蔗为原料,土法生产的蔗糖。按其外观不同可分为红糖粉、片糖、碗糖、糖砖等。土制红糖纯度较低,糖蜜、水分、还原糖、非糖杂质含量较高,颜色深、结晶颗粒细小,容易吸潮溶化、滋味浓,稍有甘蔗的清香味和糖蜜的焦甜味。赤砂糖与红砂糖因其具有特殊风味,且在烘焙中使制品易于着色,因而有一定的运用,但需化成糖水,滤去杂志后使用。

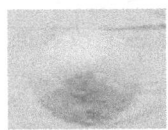
冰糖

(5)冰糖:是一种纯度高、晶体大的蔗糖制品,由白砂糖溶化后再结晶而制成,因其形状似冰块,故称冰糖。冰糖有单晶冰糖和多晶冰糖之分。

(6)糖粉:是粗砂糖经过粉碎机磨制成粉末状砂糖粉,并混入少量的淀粉,以防止结块,糖粉颜色洁

项目一 面点原料概述

白、体轻、吸水快、溶解迅速,适于含水量少、搅拌时间短的产品,如酥类、油脂蛋糕产品。糖粉还是装饰的常用材料。

B. 糖浆

面点中常用的糖浆有饴糖、葡萄糖浆、蜂糖、转化糖浆等。

(1) 饴糖:又称米稀、糖稀或麦芽糖浆,是以谷物为原料,利用淀粉酶的作用水解淀粉而制成。饴糖呈黏稠状液体,色泽淡黄而透明,含糊精、麦芽糖和少量葡萄糖,甜爽适口,是食品的增色剂、点心的黏合剂、面筋的改良剂,可使制品质地均匀,内部组织具有细嫩的空隙,心部具有绵软性。

(2) 葡萄糖浆:又称淀粉糖浆,是淀粉经过酸或酶水解成的含葡萄糖较高的糖浆。其主要成分是葡萄糖、麦芽糖、高糖(三糖、四糖)和糊精。淀粉糖浆的黏度与甜度和淀粉水解糖化程度有关,糖化率越高,味越甜,黏度越低。

(3) 蜂糖:是一种天然的糖浆,主要成分是葡萄糖和果糖,含有少量的蔗糖糊精、淀粉酶有机酸、维生素、矿物质、蜂蜡及芳香物质等,味道很甜,风味独特,营养价值较高。蜂糖因来源不同,在味道和颜色上存在较大差异。

(4) 转化糖浆:是蔗糖在酸的作用下,加热水解生成的含有等量葡萄糖和果糖的糖溶液,蔗糖在酸的作用下水解成为转化糖。一分子葡萄糖和一分子果糖的混合物成为转化糖,含有转化糖的水溶液,成为转化糖浆。转化糖的溶解度大于蔗糖,它的存在可以提高糖溶液的溶解度,防止蔗糖分子的重新结晶。在高甜度的食品中(如豆沙、羊羹等),转化糖浆可代替蔗糖使用。为防止蔗糖结晶返砂,在缺乏饴糖和葡萄糖浆的情况下可用转化糖浆代替。

2) 糖在面点中的作用如下

(1) 增加成品的甜美滋味,提高成品的营养价值。

(2) 使制品表面光滑,烘烤后因糖分的焦化作用使成品表面形成金黄色或棕色,色泽美观。

(3) 能改进面团组织,使制品松发(但用量过多,也会使成品硬脆)。

面点原料

(4) 在面团发酵中可调节发酵速度。在面团发酵过程中，加些糖可增加酵母菌繁殖所需要的养分，起到调节发酵速度的作用。

(5) 调剂面筋的涨润度。由于糖对面粉的反水化作用，可以用来调节面筋的涨润度，使面团具有可塑性。

(6) 提高产品的保质期。糖的高渗透压作用，能抑制微生物的生长和繁殖，增进产品的防腐能力，延长产品的保质期。由于糖具有吸湿性和保潮性，可使蛋糕、月饼等面点在一定时期内保持柔软。因此，含有大量葡萄糖和果糖的糖浆不能用于酥类制品，否则吸湿返潮后失去酥性口感。

(7) 装饰美化产品。利用砂糖粒晶莹闪亮的质感、糖分的洁白如霜，洒在或覆盖在制品表面起到装饰美化的效果。利用以糖为原料制成的膏料、半成品，如白马糖、白帽糖膏等，装饰、美化产品，在西点中广泛运用。

3. 食盐

调制馅心要用盐做调味，调制面团也需用适量的盐。

1) 食盐的种类和化学成分

根据我国的食盐来源不同，食盐可分为海盐、矿盐、井盐和湖盐等。其中以海盐产量最多，占总产量的 75%～80%。海盐按其加工不同，又可分为原盐（也称粗盐或大粒盐）、洗涤盐（也称加工盐）、精制盐（也称再制盐）。

食盐的主要成分是氯化钠。除此之外还含有水分、氯化镁、硫酸钠、硫酸钙、氯化钙、氯化铁等。精盐含有 90% 以上的氯化钠，质量较纯；粗盐中因含硫酸盐多，使食盐味道发苦涩，且对发酵不利。因此，制作面点以使用精盐为佳。

2) 食盐在面点制作中的作用

(1) 增强面团劲力。面团中掺入 1%～3% 的食盐，能改进面筋的物理性质，使其质地变密，增强弹性与强度，从而使整个面团在延伸膨胀时不易断裂。

(2) 改善成品色泽。面团掺入盐后，组织变细密，光线照射制品的薄膜时，投射的暗影较小，显得洁白，可改善制品的色泽。

项目一 面点原料概述

（3）调节发酵速度。在发酵面团中加入适量的盐，可以促进酵母的繁殖，提高发酵速度（但用量过多，由于盐的渗透压力作用，能抑制酵母的繁殖，使发酵速度减慢，故在调制发酵面团时，要根据需要，严格控制用盐量），还能增强面筋的劲力，提高面团保持气体的能力，使制品的组织松发、皮色改好（若盐量过多，咸味过重，也影响成品的口味）。

（4）调节食品口味，赋予食品咸味。

4. 水

水是面点制作中的重要辅助原料。绝大部分制品离不开水，面点制品的用水量为面粉用量的35%～65%。

水有软水与硬水两种。溶有较多钙或镁的酸式碳酸盐的天然水叫硬水，只含有少量或完全不含钙盐或镁盐的水叫软水，经煮沸后能分解出碳酸盐的叫暂时硬水，在煮沸时不生成钙或镁的非碳酸盐沉淀的则叫永久硬水。

水的硬度是表示水中盐类的含量。1度是指1升水中含有10毫克氧化钙。水的硬度分为以下几类。0～4度：极软水；4～8度：软水；8～12度：中硬水；12～18度：较硬；18～25度：硬水；25度以上：极硬水。

水的硬度对面团的调制影响较大。制作面点所需用的水应是无色、无味、透明、无有害微生物、无沉淀的水。总硬度不超过25度。

水在面点制作中的作用：

（1）决定面团软硬度，调节面团温度。

（2）促进面筋的生成。

（3）促进酶对蛋白质和淀粉的分解。

（4）使淀粉膨胀和糊化。

（5）使酵母发育和繁殖。

（6）溶解糖盐等水溶物质。

（7）烘烤、蒸、煮时的传热介质。

（8）使制品保持柔软性。

面点原料

水的硬度若超过 18 度,就不适于制酵面制品。水的硬度过高会降低其对蛋白质的溶解性,使面筋硬化,过度增强面筋的韧性,推迟发酵时间;用极软的水调制面团,会使面筋变得过度柔软,面团中水分过多,黏性过大。对于这种水,可添加硫酸钙或磷酸钙以增加其硬度。

碱性水极不适于酵面制品,因碱性水会中和面团的酸度,抑制酶的活性,影响面筋成熟,延缓发酵时间,使面团变软。

微酸性水有利于酵母发酵,如酸度过大也不宜。

5. 酵母

酵母是面食品中的一种十分重要的生物疏松剂。它不仅能使制品体积膨大、组织疏松,而且能提高面食品的营养价值和风味。

活性干酵母

1)酵母的化学成分

酵母的含水量为 65%～70%,干物质占 30%～35%。干物质中蛋白质占 30%～40%,碳水化合物占 35%～45%,脂肪占 3%～5%,灰分占 5%～10%。酵母中所含的水约有 15% 为游离水。所含的碳水化合物除少量可溶性糖外,大多数以糖的形式存在;所含蛋白质有单纯蛋白质和结合蛋白质;所含脂肪主要为卵磷脂和固醇;灰分中磷和钾的含量较多。此外,酵母中还含有多种维生素,而以 B 族维生素的含量最多。

2)酵母的种类

面点中使用的酵母主要有三种:鲜酵母、活性干酵母、即发活性干酵母(又称速溶干酵母、速效干酵母)。其中,鲜酵母活性不稳定,不易贮存,但成本较低;活性干酵母虽不需低温贮存,常温下可贮存一年左右,但使用前需用 30℃ 左右的水溶解并放置 10 分钟左右,使酵母菌活化;即发活性干酵母的活性远远高于鲜酵母和活性干酵母,并且特别稳定,发酵速度快,是现在发酵制品中应用最广泛的酵母。

3）酵母的使用量

酵母的使用量与酵母的种类、活性、发酵力有关，即发酵母活性和发酵力最高，其次为活性干酵母，最次的是鲜酵母。活性高、发酵力大，使用量就少。酵母的使用量还与发酵方法、配方、温度、面团软硬有重要关系。

各种不同类酵母之间的用量换算关系为鲜酵母：活性干酵母：即发活性干酵母＝3∶2∶1。

4）影响酵母生长繁殖的因素

在发酵面团中，影响酵母生长繁殖的主要因素有：温度、pH、渗透压、水。酵母生长繁殖的适宜温度为27～32℃，最佳温度为27～28℃，在这一温度区间，酵母菌旺盛繁殖，为面团最后饧发积累后劲。因此，面团前发酵期要严格把发酵室温度控制在30℃以下。酵母的活性随温度升高而增强，面团内的产气量也大量增加，当面团温度达到38℃时，产气量最大。因此，面团最后饧发时的温度要控制在38～40℃之间。温度过高或过低都会影响酵母的活性，不利于产气。温度低于10℃，活性几乎停止；在0℃以下处于休眠状态；高于40℃酵母衰老快，产气少。酵母适宜在酸性条件下生长，碱性条件下活性大大减小。一般宜把面团的pH控制在5～6之间。渗透压的高低会影响酵母细胞的活性。渗透压过高会造成细胞质壁分离，使酵母无法维持正常地生长直至死亡。在面点制作中能产生渗透压作用的原料主要有糖和盐。水是酵母生长繁殖的必须物质，许多营养物质都需借助于水的介质作用被酵母吸收。因此，面团调制时加水量多、较软的面团，发酵速度快。

各种酵母都是经过工厂选择纯菌培养出来的，不含或含少量杂菌，发酵力强，发酵时间较短，因此，调制发酵面团，一般不会产生酸味，不用加碱中和，因此此类制品的营养价值较高。

5）酵母的耐糖性：是指酵母糖的适应能力，有些酵母只适应无糖或低糖面团，有些酵母同时适应低糖面团和高糖面团。当制作高糖的点心面包时，应选用耐糖性好的酵母，否则容易失败。

6. 蛋品

蛋品在面点制作中，既是制馅原料，又是面团调制的辅料。

面点原料

1) 蛋品种

面点中常用的蛋品是鲜蛋、冰蛋、蛋粉三类,此外还有咸蛋、松花蛋。

(1) 鲜蛋。制作面点所用的鲜蛋包括鸡蛋、鸭蛋、鹅蛋。因鸡蛋凝胶性强,起发力大,味道温和香美,性柔软,因而面点制作中主要是用鸡蛋。对其品质的要求是:鲜蛋的气室要小,不散黄;鲜蛋使用前将蛋壳所污染的粪便消除,达到消毒的目的;大批使用时必须逐个进行照蛋检验,逐个打开然后混合。

(2) 冰蛋。冰蛋是将鲜蛋去壳后,将蛋液搅拌均匀,经低温冻结而成。因此,蛋液的胶体特性没有受到破坏,其质量与鲜蛋差别不大。冰蛋使用比较方便,在使用前要先行解冻成蛋液,使用方法与鲜蛋相同。

(3) 蛋粉。我国市场上主要销售全蛋粉,很少生产蛋白粉。蛋粉是将鲜蛋去壳后,经喷雾高温干燥而成。使用前先融化为蛋液,检查其溶解度。凡溶解度低的蛋粉,虽然营养价值不变,但是其起泡性和溶化能力较差。

(4) 咸蛋和松花蛋。大多用于制作馅心。

2) 鸡蛋的结构及在面点中的工艺性

A. 鸡蛋的结构

鸡蛋的结构由三部分组成,即蛋壳、蛋白和蛋黄。蛋壳约占全蛋质量的11%,蛋白约占58%,蛋黄约占31%。

(1) 蛋白。蛋白是一种白色半透明的黏性半流动体,无细胞组织,其中含固性物12%~18%,pH为7.2~7.6,呈碱性。

蛋白的化学成分:蛋白中含有86.2%水、0.2%脂肪、0.7%碳水化合物、0.6%矿物质。其中包含12.3%蛋白质,这些蛋白质中含有各种必需氨基酸,消化吸收率在95%以上。

蛋白由浓厚蛋白与稀薄蛋白组成。蛋白分三层,外层为稀薄蛋白,中间层为浓厚蛋白,内层为稀薄蛋白。蛋越新鲜,浓厚蛋白越多;随着储存时间的延长,在酶的作用下,浓厚蛋白逐渐减少,稀薄蛋白逐渐增加。

浓厚蛋白含有特有成分溶菌酶,它能溶解细菌,具有杀菌作用,此酶的含量活性与浓厚蛋白的含量呈正比。刚生下来的鲜蛋,浓厚蛋白含量高,溶菌酶含量多,活性强、质量好、耐贮藏,随着外界温度的升高,存放时间的延长,蛋会发生一系列的变化。首先是浓厚蛋白中的蛋白酶迅速分解变为稀薄蛋白,其中的溶菌酶也随之被破坏,失去杀菌能力,使蛋的耐贮性大为降低。因此,越是陈旧的蛋,浓厚蛋白含量越低,稀薄蛋白含量越高,越容易感染细菌,造成腐坏蛋。浓厚蛋白含量的多少是衡量蛋的质量新鲜与否的重要标志。

(2) 蛋黄。蛋黄是浓稠不透明而呈半流动的乳状液,含有固体物50%左右,约为蛋白的4倍,而其组合成分比蛋白复杂得多。pH为6~6.4,呈酸性。

蛋黄的主要化学成分:蛋白质15.6%,脂肪29.8%,糖类0.48%,其他成分为水分、无机盐类、蛋黄素和维生素等。其中有脂溶性维生素A、D、E、K,水溶性维生素B、C。

B. 蛋在面团中的工艺性能

(1) 蛋白的起泡性。蛋白是一种亲水胶体,具有良好的起泡性,经高速搅打,蛋白裹吸空气形成泡沫。由于受表面张力的作用,迫使泡沫形成球形。固蛋白胶体具有的黏度使蛋白泡沫层变得浓厚且更加稳定。蛋白的起泡性在面点中起到膨松、增大制品体积的作用。

(2) 蛋黄的乳化性。蛋黄中含有的磷脂具有亲油和亲水的双重性,是一种天然的乳化剂。经搅拌,它能使油、水和其他原料均匀地融合在一起,促进制品组织疏松均匀,质地细腻、可口,色泽良好,具有一定的持水性,并能延长保质期。

(3) 蛋的热凝固性。蛋液中的蛋白对热较敏感,温度在58℃时就开始凝固变性;超过70℃蛋白变性加快,蛋黄变稠;达到80℃蛋白就完全凝固变性,蛋黄表面凝固;100℃时蛋黄也完全凝固。蛋液变性过程中,变性蛋白质的黏度增大,起泡性能降低,但容易被蛋白酶水解,提高消化吸收率。蛋液的热凝固物经高温脱水后具有脆性,在面点制作中常用来涂抹在制品的表面,以增加其外形美。

(4) 改善面点的色、味、香、形。面点表面涂上一层蛋液,经烘烤后呈现漂亮的红褐色;加蛋的制品成熟后具有特殊的蛋香味;以蛋为膨松介质制作的蛋糕类制品体积膨大、疏松柔软。

(5) 黏结作用。蛋液具有较大的黏稠度,可作为黏合剂,促进不同原料黏结成团。

(6) 装饰美化产品。利用蛋制成的膏料进行裱花,对西点产品可起到装饰美化的效果。

(7) 提高制品的营养价值。禽蛋的营养成分极其丰富,含有人体所必需的蛋白质、脂肪、类脂质、矿物质及维生素等营养物质,而且消化吸收率非常高,是优质的营养食品。

7. 乳品

乳品是面点的高档优质辅料。乳品具有很高的营养价值,在改革工艺性能方面也发挥着重要作用。用于面点制作的乳品主要是牛乳及其制品。

1) 常用的乳品及乳制品

(1) 鲜乳。鲜乳主要有牛乳(牛奶)、羊乳(羊奶)等。通常所说的鲜乳一般是指生鲜牛乳,呈乳白色或稍带微黄色;具有鲜牛乳固有的香味,无其他异味,呈均匀的胶态流体,无沉淀、无凝块、无杂质、无异物等。

(2) 乳粉。乳粉又称奶粉,是以鲜乳为原料,经浓缩后喷雾干燥制成的。可分为全脂乳粉和脱脂乳粉两大类。乳粉的性质与原料乳的化学成分有着密切关系,加工良好的乳粉不仅保持着鲜乳的原有风味,按一定比例加水溶解后,其乳状液和鲜乳极为接近。

(3) 炼乳。炼乳分甜炼乳(加糖炼乳)和淡炼乳(无糖炼乳)两种,以甜炼乳销量最大,在面点中使用较多。所谓甜炼乳,即在原料牛乳中加入15%～16%的蔗糖,然后将牛乳的水分加热蒸发,浓缩呈原体积的40%,浓缩成原体积的50%时不加糖者为淡炼乳。

(4) 淡奶。淡奶又称奶水或蒸发奶,是将鲜牛乳经蒸馏去除一些水分后得到的乳制品,如雀巢公司的三花淡奶即是此类产品。淡奶没有炼乳浓,但比牛奶稍浓,其乳糖含量较牛奶高,奶香味较浓,

项目一 面点原料概述

可以给予面点特殊的风味,以50%的淡奶加50%的水混合即成全脂鲜奶。

2)乳及乳制品在面点中的工艺性能

(1)提高面团的吸水率。乳粉中含有大量蛋白质,其中酪蛋白占蛋白质总含量的80%~82%,酪蛋白含量的多少影响面团的吸水率。乳粉的吸水率为自重的100%~125%。因此,每增加1%的乳粉,面团的吸水率就要相应增加1%~1.25%,焙烤食品的产量和出品率相应增加,成本下降。

(2)提高面团筋力和搅拌能力。乳制品中含有大量的乳蛋白质,对面筋具有一定的增强作用,提高了面团筋力和面团的强度,不会因搅拌时间延长而导致搅拌过度。加入乳粉的面团更能适合于高速搅拌。筋力弱的面粉较筋力强的面粉受乳粉的影响大。

(3)改善面团的物理性质。面团中加入经适当热处理的乳粉,面团的吸水率增加,面团筋力提高,搅拌耐力增强。但若使用未经热处理的鲜牛乳或乳清蛋白质,不仅不能改善面团的物理性质,而且会减少面团的吸水性,使面团黏软、体积小,这是因为未经热处理的鲜乳中含有较多的硫氢基(—SH),激活面粉中蛋白酶,使面团筋力降低。通过热处理使乳蛋白质中的硫氢基失去活性,可减低它对面团的不良影响。

(4)提高面团的发酵耐力。乳制品可以提高面团发酵耐力,使它不至于因发酵时间延长而成为发酵过度的老面团。因为乳制品中含有大量的蛋白质,对面团发酵pH的变化具有一定的缓冲作用,使面团pH不会发生太大变化,保证面团的正常发酵。乳制品还可抑制淀粉酶的活性,减缓酵母的生长繁殖速度,使面团发酵速度适当放慢,有利于面团均匀膨胀,增大面包体积。另外,乳制品可刺激酵母内酒精酶的活性,提高糖的利用率,有利于二氧化碳气体的产生。

(5)延缓制品的老化。乳中蛋白质及乳糖、矿物质等有抗老化作用。乳制品中含有大量的蛋白质,使面团吸水率增加,面筋性能得到改善,面包体积增大,这些因素都有助于减慢制品的老化速度

减慢，提高其保鲜期。

（6）乳制品是良好的着色剂。乳制品中含有具有还原性的乳糖，不能被酵母所利用，发酵后仍全部留在面团中。在烘焙期间，乳糖与蛋白质中的氨基酸发生褐变反应，形成诱人的色泽。乳制品用量越多，制品的表面颜色就越深。乳糖的熔点较低，在烘焙期间着色快。因此，凡是使用较多乳制品的烘烤食品，都要适当降低烘焙温度和延长烘焙时间。否则，制品着色过快，易造成外焦内生的现象。

（7）赋予制品浓郁的奶香风味。乳制品中的脂肪使人感到一种奶香风味，将其加入焙烤食品中，在烘炼时，使低分子脂肪酸挥发，奶香更加浓郁，食用时风味清雅，有促进食欲，提高制品食用价值的显著作用。

（8）提高制品的营养价值。

8. 膨松剂

膨松剂是在以小麦粉为主的焙烤食品中添加，并在加工过程中受热分解，产生气体，使面坯起发，形成致密多孔组织，使制品具有膨松、柔软或酥脆感的一类物质。

物料拌和过程中混入的空气和物料中所含水分在烘焙时受热产生的水蒸气，能使产品产生一些海绵状组织，但要达到制品的理想效果，这些气体量是远远不够的。所需气体主要是由膨松剂提供，因此膨松剂在食品制作中具有重要的地位。

1）化学膨松剂

化学膨松剂是由食用化学物质配制而成，可分为单一膨松剂和复合膨松剂。

（1）常用单一膨松剂为 $NaHCO_3$ 和 NH_4HCO_3，两者均是碱性化合物，受热分解产生气体的反应如下：

$$2NaHCO_3 \xrightarrow{\triangle} CO_2 \uparrow + H_2O + Na_2CO_3$$

$$NH_4HCO_3 \xrightarrow{\triangle} CO_2 \uparrow + NH_3 \uparrow + H_2O$$

由于 $NaHCO_3$ 分解的残留物 Na_2CO_3 在高温下将与油脂作用产生皂化反应，使制品品质不良、口味不纯、pH 升高、颜色加深、破坏组织结构；NH_4HCO_3 分解的 NH_3 气体易溶于水形成 NH_4OH，使制品有臭味，pH 升高，对维生素类有严重的破坏性。所以 $NaHCO_3$ 和 NH_4HCO_3 应尽可能减少单独使用，两者合用能减少一些缺陷。NH_4HCO_3 通常只用于制品中水分含量较少的产品，如饼干。

（2）复合膨松剂一般是由碱性物质和酸性物质混合组成的。由于单独使用碱性物质（如碳酸氢钠、碳酸氢铵等），会使产品变碱性，易产生碱臭或氨臭，因此应多采用碱性物质和酸性物质混合作为膨松剂。

复合膨松剂一般由三种成分组成：碳酸盐类、酸性盐类、淀粉和脂肪酸等。

2）碱性膨松剂

（1）碳酸氢钠。碳酸氢钠别名小苏打、重碳酸钠、酸式碳酸钠。俗称食粉、面起子。白色晶体粉末，无臭，味咸，分解温度为 90～150℃，产生气体量约 261 厘米^3/克。

（2）碳酸氢铵（或碳酸铵）。碳酸氢铵又称重碳酸铵、酸式碳酸铵，俗称大起子、臭粉、臭起子。

白色晶体粉末，有氨臭味（水溶液呈碱性），分解温度 30～60℃，产生气体量约为 700 厘米^3/克。

碳酸氢铵在制品焙烤过程中几乎全部分解，分解产物绝大部分能逸散而不致影响口味，其膨松能力要比小苏打大 2～3 倍。但由于其分解温度过低，在焙烤初期会产生极强的气压完成分解，不能持续有效地在饼胚凝固定型之前连续产气使制品膨松，因此碳酸氢铵不宜单独使用。

（3）酸性膨松剂。硫酸钾铝别名烧明矾、明矾、钾矾，分子式为 $AlK(SO_4)_2 \cdot 12H_2O$，是无色透明结晶或白色结晶性粉末、片、块，无臭，有酸涩味。在空气中可风化成不透明状，加热 200℃以上因失去结晶水而呈白色粉末状的烧明矾。硫酸铝钾可溶于水，其溶解度随水温升高而显著增大。它的溶液对石蕊呈酸性，1%水溶液的 pH 为 4.2。

硫酸钾铝可作为膨松剂、中和剂，常用作复合膨松剂中的酸剂，与碳酸钠等合用。本品用量过多，可使食品发涩，其浓溶液有腐

蚀性。

（4）发酵粉。发酵粉为白色粉末，遇加热产生二氧化碳，2％水溶液产气后的 pH 为 6.5～7.0。

发酵粉是由一些碱剂、酸剂和添加剂配合组成的。所用碱剂通常就是小苏打。目前常用的有小苏打和酒石酸、小苏打和磷酸钙、小苏打和明矾等配置的发酵粉。

（5）矾碱膨松剂

矾是明矾，在油条中起膨松酥脆作用。

面碱的学名是碳酸钠，分子式是 $Na_2CO_3 \cdot 10H_2O$，是无色透明结晶体，溶于水呈碱性。

配制矾碱水溶液时，明矾发生水解作用生成氢氧化铝：

$$Al_2(SO_4)_3 =\!=\!= 2Al^{3+} + 3SO_4^{2-}$$

$$Al^{3+} + H_2O =\!=\!= Al(OH)^{2+} + H^+$$

$$Al(OH)^{2+} + H_2O =\!=\!= Al(OH)_2^+ + H^+$$

$$Al(OH)_2^+ + H_2O =\!=\!= Al(OH)_3 + H^+$$

与碱起反应生成硫酸钠、二氧化碳和水。

$$H_2SO_4 + NaCO_3 =\!=\!= Na_2SO_4 + CO_2\uparrow + H_2O$$

从以上反应式看出，如果矾大碱小，则使生成的氢氧化铝（矾花）减少，因多余明矾留在水溶液中，使制品带有苦涩味；矾小碱大，使剩余的碱发生水解，使水溶液呈碱性，生成的氢氧化铝是两性电解质，当 pH＞7.5 时，开始有偏铝酸根 AlO_2^- 生成，氢氧化铝减少而使成品不酥脆。

$$Al(OH)_3 + OH^- \longrightarrow AlO_2^- + 2H_2O$$

由此看出，调制矾碱面团的关键技术是明矾与碱的配料比例。

9．色素、香精

1）色素

色素是改善制品色泽的辅料，它有助于增进产品的外观，使之鲜艳悦目，色调和谐。

常用的食用色素大致可分为天然色素及合成色素两大类。天然色素有叶绿素、番茄色素、胡萝卜素、叶黄素、红曲、焦糖、可可粉、咖啡粉等。目前有些色素含有毒性，影响人体健康。中华人民共和国卫生部规定，目前只准使用苋菜红、胭脂红，使用量为0.005％；柠檬黄和靛蓝，使用量为0.01％。

此外，制作面点时，常用植物天然色素着色。例如，将菠菜叶洗净后捣烂，榨出绿色汁水，再加少许石灰水使其澄清和入面团中，制出的成品不仅色泽青翠可爱，且又带有清香味道；又如用紫菜头煮成汁和入面团则可制成红色；南瓜去皮蒸烂后，掺入干粉中揉制成橙黄色，且带有甜味的成品。

色调的选择，应使色泽与产品名称及香味相适应。

色谱如下。

紫红：苋菜红＋蓝　色；果绿：靛　蓝＋柠檬黄

深绿：靛　蓝＋柠檬黄；橘红：胭脂红＋柠檬黄

橘黄：柠檬黄＋胭脂红；蛋黄：柠檬黄＋橘　黄

合成色素的用量规定不超过0.005％。

2）香精

在面点中添加适当香精，可以提高成品风味，增进人们食欲，起到矫正口味的作用。

香精是用多种香料调和而成的，包括天然香料和单体香料。天然香料对人体无害；单体香料（指人工合成香料与从植物中提炼出来的单体香料）则不能超过规定的用量的范围，一般为0.15％～0.25％。目前常用的香精有奶油、香草、可可、柠檬、薄荷、椰子、杏、桃、菠萝、杨梅、苹果、橘子等果味香精，香精可根据糕点的风味特色选择。此外，必须使用按国家规定标准检验合格的产品，不得随意滥用未经检验的香精。

任务1－7　掌握面点制作技术的学习方法

面点制作技术是烹饪技术中一门精湛的技艺。掌握这门技艺，除了要有明确的学习目的、严谨的学习态度外，还要有正确的学习方法。

面点原料

一、重视理论知识，系统地掌握面点制作技术理论

面点制作技术理论知识是面点制作实践的科学总结。系统地学习、掌握面点制作理论知识，是正确迅速地学会实际操作技术的必要条件和基础。因此，要下大气力弄懂有关的概念和定义，弄通面点制作各工艺过程中有关的变化规律及技术要领，弄明白每项操作技术之间诸种条件与因素的内在联系。只有这样，才能真正理解面点制作的真谛，从而掌握面点技艺。

二、苦练基本功、扎实地进行实际操作技能训练

面点制作是手艺活，不动手或少动手是学不成的。熟练的操作技巧只能来源于平时锲而不舍的努力。"业精于勤"，只要勤学苦练，不断分析、总结，制作技能就会日趋熟练。扎实地练好基本功，切实掌握各项操作技能，这是掌握面点制作技术的重要途径。

实践的形式是多种多样的，如观摩教师演示、个人操作、参加实习劳动等，都是提高操作技能的有效措施。此外，观看相关照片、幻灯、录像，看商店、饮食糕店的点心展品，观摩名师表演等，也会大有收益。总之，利用一切机会、勤看、勤问、勤想、勤练，一定能够收到满意的效果。

三、抓住关键环节、掌握典型品种，努力掌握面点制作多种技艺

面点品种繁多，制作方法千变万化，但只要掌握了各类面点的制作规律，抓住其选料、和面、制馅、成形、熟制各道工序中的技术关键，任何品种都不难掌握。

此外，在学习面点制作时，应选择在技术上有普遍性、代表性的典型品种的制作，做到举一反三、触类旁通。这样才能争取在短时间内掌握许多花色品种的操作技术。

四、继承传统技艺、学习先进技术，不断提高和创新

作为新一代的面点制作大师，应在具有坚实的理论知识和实际

项目一 面点原料概述

操作技能的基础上，广泛涉猎，寻本求源。一方面继承和发掘我国面点制作的宝贵遗产，将民族的传统技艺发扬光大；另一方面要关注中外面点制作新的研究成果，有意识地学习和借鉴国外面点制作的先进技艺，不断地研究、探索新品种、新花样，新技术，为发展我国面点制作技术做出贡献。

任务1—8 面点制作基本技术动作及操作程序

一、基本技术动作的认识

基础操作是从事面点制作的基本技术手法。学会基础操作，仅了解了具体操作的方法，解决了实验中的第一步"会"的问题，要从会到"好"，再到"熟练掌握"，必须经过不断地、反复地练习过程。在学习和实践过程中，往往是学会容易，学好难，难就难在对基本技术动作是否能够达到熟练地掌握上。

面点制作技术内容丰富，基本技术动作包括和面，揉面（捣、揉、揣、摔、擦等），搓条，制皮，上馅等五个方面。

二、基本技术动作的重要性

（1）基本技术动作是面点制作工艺中最重要的基础操作，只有学会这些基础操作，才能进一步学会各种面点制作技术。面点制品虽然品种很多，但大多数品种的基础操作过程是共同的。例如大多数点心制作开始时必须和面、揉面，揉面后又必须按照所制成品的规格、质量，搓条下剂；带馅的品种，必须制皮、上馅等。如不掌握这些基础操作，就不可能制作成品。所以，它是学习各种面点制作技术的前提。

（2）基本技术动作熟练与否，会直接影响制品的质量和工作效率。这是因为成品制作是建立在这些基础操作之上的，如面和的软硬是否合适，皮的厚薄是否符合要求，都会影响下一道工序的操作和成品的质量。所以基础操作技术不熟练，是不可能做好成品的，

面点原料

工作效率也不会高。学好了基本技术动作，再学习成品的制作技术，就比较容易，提高也快，并能举一反三。

（3）基本技术动作是面点人员的主要基本功（包括臂力、腕力和动作手法等）。目前面点制作仍然以手工为主，手上的"功夫"如何，与成品质量有很大关系。如果功夫到家，就能"熟能生巧"。制作面点时，不但效率高，质量也会好。因此，勤学苦练基本技术动作，是面点工作人员的重要任务。通过练习，要练出臂力、腕力和各种动作的灵活手法；还要熟悉所用工具的性能和用法，还要练好自然、正确的姿势，以减轻劳动强度，提高劳动效率。

三、基本动作的技术要领

1. 和面

和面就是把粉料与水等原料掺和均匀的过程。

和面在20世纪60年代以前大多依靠手工操作，目前已普遍使用和面机，手工和面只是在制作少量或特殊品种时才采用。

机器和面通常使用的炊事机械是和面机。和面机的基本用途是将面点原料通过机械搅拌，调制成面点制作所需要的各种不同性质的面团。

手工和面的技法大体上可分为抄拌法、调和法和搅和法三种。

（1）抄拌法：将面粉放入缸盆中，放足第一次水（占总水量的70%～80%），双手插入刚盆中，从外向内、由下向上，反复抄拌时，用力要均匀适当，促使水、粉结合，成为雪花片状（有的叫麦穗状）；这时可加第二次水（占总水量的20%～30%）继续双手抄拌，使之成为结块状态；然后把剩下的水洒在上面，搓揉成团，达到"三光"：手光、面光、缸盆光（或案光）。

（2）调和法：将面粉放在案板上，围成中薄边厚的圆形坑塘，将水倒入中间，双手五指张开，由内向外调和成雪片状，再掺入适量的水，和在一起揉成面团。在案板上和面，主要是和少量面团，在操作过程中手要灵活，动作要快，不能缩手缩脚，也不能让水分外溢。若使用折叠的方法，用面刮板将面由外向内铲，不能使劲揉

项目一 面点原料概述

搓,防止产生劲力,此方法适用于混酥类化学膨松面团。

(3) 搅和法:一般用烫面和蛋糕面团。和面的过程是先将面粉倒入盆中,然后用左手浇水,右手拿擀面杖搅拌,边浇水边搅动,使其吃水均匀,搅匀成团。然后将搅和成的面团放在案板上,根据其性质可加水或干粉,用手揉搓成面团。

用搅和法时要注意两点:一是和烫面时沸水要浇遍、浇匀,搅拌要快,使水面尽快混合均匀;二是和蛋糊面食,必须顺着一个方向搅匀。用搅和法和成面的特点是柔软有韧性。

(4) 手工和面的要领:①姿势要正确。两脚叉开站成丁字步,上身向前倾斜,便于用劲。②注意按顺序投放辅料。③加水要适当。应根据品种对面团软硬度的要求而定,同时要考虑粉料本身的干湿、气候的冷暖、空气的湿度等因素。加水时为便于粉料吸水,应分次加入。

(5) 手工和面的质量要求:水面融合,粉料吃水均匀,不夹生粉,软硬要适当,符合面团工艺性能的要求。

2. 揉面

揉面就是将和好的面再揉匀、揉透、揉顺的过程。揉面主要可分为捣、揉、揣、摔、擦、叠等六个动作,这些动作可使面团进一步均匀、增劲、柔润、光滑或酥软等,是调制面团的关键。

(1) 捣:即在和面后,放在缸盆内,双手握拳,在面团各处,用力向下捣压,力量越大越好。如此反复多次,一直把面团捣匀扎透上劲,行话说"要使面好吃,拳头捣一千"。这就是说,凡是要求劲力大的面团,必须捣到,扎捣透。

(2) 揉:揉面时身体不能靠住案板,应有一拳的距离,两脚稍分开,站成丁字步,上身可向前稍弯,这样揉面时不至于推动案板,并可防止粉料外落,造成浪费。在揉制小量面团时,主要是右手使劲,左手相帮,要摊得开、卷得拢,五指并用,使劲揉匀。揉面时,全身和膀子都要用力,特别是要用腕力。一般是双手掌根压住面团,用力向外推动,把面团摊开;然后从外逐步推卷回来成团,翻上"接口"再向外推动摊开;揉到一定程度,改为双手交叉向两侧推

71

面点原料

摊、摊开、卷叠、再摊开再卷叠,直到揉匀揉透,面团光滑为止。也有的手法是:左手拿住面团一头,右手掌根将面团压住,向另一头摊开,再卷拢回来,翻上"接口"继续再推、再卷,反复多次,揉匀为止。

揉的关键是既要"有劲",又要揉"活"。所谓有劲,就是揉面的腕子必须有力;所谓揉活,就是着力适当,刚和好的面,水分没有全部吃透,用力要轻一些,待水分被吃进,面团胀润联结时,用力就要加重。在操作过程中,要顺着一个方向,不能随意改变,否则面团内形成面筋网络就被破坏,同时摊开卷拢也要有一定次序,这样才叫揉"活"。用力不当叫"死揉",费劲不小,效果反而不好,至于揉的时间要根据面团的性质和成品质量要求而定;对要求劲力大的面团,要用力多揉,做出成品的质量也好。相反不需要多揉的,适当揉匀或少揉防止劲力大影响成品的质量。

(3)揣:双手握拳,交叉在面团上揣压,边揣边压边推,把面团向外揣开,然后卷拢再揣。揣比揉的劲大,能使面团更加均匀。特别是量大的面团,都需要揣的动作。还有一些成品要沾水揣(又叫扎),做法和上述一样,不同的是手上要沾水,而且只能一小块一小块地进行。

(4)摔:摔的手法是用手抓住面团,快速提起,然后摔在案板上。

摔面有两种手法:一种是双手拿住面团的两端举起,手不离面,摔在案板上,反复摔匀,摔顺为止。一般来说"摔"和"扎"结合进行,以使面团更加滋润;另一种是稀软的面团(如春卷)的摔法:用一只手抓起稀软的面团,脱手摔在盆内,摔下,拿起,再摔,直到摔匀为止。

(5)擦:主要用于油酥面团和部分米粉面团。具体方法是:在案上,把油与面和好后,用手掌根把面团一层一层地向前边推边擦,面团推擦后,滚回身前,卷拢成团,仍用前法,继续向前推擦,擦匀擦透。擦的方法能使油和面结合均匀,增强面团的黏着性,制成成品后,能减少松散状态。

项目一 面点原料概述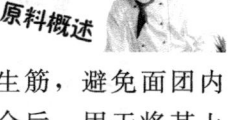

（6）叠：主要是为了防止面团在制作过程中生筋，避免面团内部过于紧密，影响膨松效果。方法是将主辅料混合后，用于将其上下叠压，使主辅料混合均匀，如桃酥面团。

3. 搓条

取出一块面团，先拉成长条，然后双手掌根轻压在条上，来回推搓，边推边搓。必要时也可拉条向两侧延伸，成为粗细均匀的圆形长条。搓条基本要求是条圆、光洁（不能起皮、粗糙）、粗细一致（从一端到另一端粗细必须一样），圆条的粗细必须根据成品而定。

4. 下剂

下剂也叫摘坯或掐剂子，是将整块的或已搓好条的面团，按照品种的生产规格要求，采用适当的方法分割成一定大小的坯子。下剂必须做到大小均匀，质量一致，手法正确。由于面团的性质和品种的要求不同，下剂的手法也应有区别。在操作上有揪剂、挖剂、拉剂、切剂、剁剂等各种技艺。

（1）揪剂，又叫摘坯，摘剂。操作方法是，左手轻握剂条，让剂条从左手拇指与食指间露出相当于坯子长短的一段，右手拇指、食指、中指组握成一个方孔扣住露出的剂条，拇指第二指节与左手拇指、食指相错，像剪刀一样顺势往下揪；揪下一个剂后，左手握着的剂条也要趁势翻一个身（旋转90度），再露出截面，右手顺势再揪一次（剂条翻一次身，是因剂条握在手中，无论用力如何轻，也会扁一些，翻一个身就又捏圆了，这样揪下的剂子比较规整均匀。）揪剂的双手配合要协调，一揪一露，把一个个的剂子揪下，撒在铺有薄面的案板上，用双手在案板上搓成圆剂即成。

（2）挖剂，又叫铲剂，常适用于剂条较粗、坯剂规格较大的品种，如馒头、大包子、烧饼、火烧等下剂子的操作。由于剂子较大，左手没法拿起，右手无法揪下，所以要用挖剂法。操作方法是，主坯搓条后，放在案板上，左手按握住，从拇指和食指虎口间露出坯段，右手四指曲成铲形，手心向上，从剂条下面伸入，四指靠紧左手虎口向上挖断，即成一个剂子。然后把左手向左移动，让出一个剂子坯段，重复操作。挖下的剂子一般成为长圆形。应将其有秩序

地摆放在案板上。一般50克以上的剂子多用此种手法操作。

（3）拉剂，也叫掐剂，常使用于主坯比较稀软，不能揪也不能挖的情况。

操作方法是，将软性面团捋成长条，刷层油或滚上薄面，左手拉握住所需面剂的量，右手插握于左手外，右手的大拇指与左手的食指像剪刀一样相错，将面剂拉下，如馅饼的下剂方法。

（4）切剂，有的面团如层酥面团，尤其是其中的明酥，非常讲究酥层，如圆酥、直酥、叠酥、排丝酥等，必须采用快刀切剂的方法，才能保证截面酥层清晰。

（5）剁剂，常用于制作馒头、油条等。操作方法是，将搓好的剂条放在案板上，拉直，根据剂量大小，用刀从左至右一刀一刀剁下，既可作剂，又可作制品生坯。这种方法速度快，效率高。

切剂和剁剂在某些品种的成形有重要的意义，这时更需注意剂子的形态和规格，达到均匀、整齐、美观。

以上的下剂方法中，以揪剂、挖剂两种使用最多。无论采用何种方法下的剂子，必须均匀一致，大小分量准确。

5.制皮

用手或擀面杖将面剂擀成圆形扁片的过程叫制皮。

面点中很多品种都需要制皮，便于包馅和进一步成形，制皮是制作面点的基础操作之一。由于面点的品种不同，制皮的方法也是多种多样的，归纳起来有以下几种。

（1）按皮：是将下好的剂子用手掌按成边薄中间较厚的圆形皮。按时注意用掌根，不用掌心。掌心按不平，也按不圆。糖包、豆包皮就是按的皮。

（2）拍皮：是将下好的剂子戳立起来，用手指先压一下，然后再用手掌沿着剂子周围着边拍，边拍边顺时针转动方向，把剂子拍成中间厚、四边薄的圆整皮子。这种方法单手、双手均可进行，单手拍是拍几下、转一下，再拍几下；双手拍是左手拿着转动，右手掌拍即可，也是用于大包子一类品种。大包子就是拍的皮。

（3）捏皮：适用于花色蒸包、船点等米粉面团制作品种。先把剂子用手揉匀搓圆,再用双手手指捏成圆壳形,包馅收口,一般称为捏窝。

(4) 摊皮:这是比较特殊的制皮方法,主要用于制春卷和煎饼。春卷面团是面筋质强的稀软面团,拿起来往下流,用一般方法制不了皮,必须用摊皮的方法。摊皮时,将平锅架火上(火候适当),右手拿起面团,不停抖动,顺势向锅内一摊,即成一圆形皮,立即拿起面团,等锅上的皮受热成熟后,揭下,再摊第二张。摊皮技术性很强,摊好的皮要求形圆、厚薄均匀、没有沙眼、大小一致。

(5) 压皮:下好剂子,将刀的侧面平放在剂子上,左手按住刀面,向前旋压,成为一边稍厚、一边稍薄的圆形皮。广东的澄面制品大都采用这种制皮方法。

(6) 擀皮

第一,饺子皮的擀制。用小擀面杖(长40厘米、直径1.6厘米)擀制。先将面剂的截面朝上,用手掌按成边薄中间厚的剂,左手的拇指、中指、食指持剂于案上,用双手掌侧推压擀面杖转动擀剂的四周,左手持剂慢慢向左转动,推压剂子的尺度分别为剂子的1/5、1/4、1/3、2/5、3/7、4/9、2/3,逐渐将剂擀成直径6~7cm边薄中间略厚,呈碗状的皮子。要求每分钟15张皮。

技术要点:首先,推扎面剂时,手力先重后轻。其次,持杖返回时手不用力,左手轻捏剂边向左边移动。再次,通常六七下擀一张皮。最后,要求擀面杖推过剂皮一半,把中间的小包轻轻压平。

第二,烧卖皮擀法。

杖双皮:方法是双手各捏一个面剂,用两手掌侧推压擀面杖并转动面杖,两手的拇指、食指、中指捏住剂皮、分别在左右两侧转动,这样协调配合,每次可擀两张皮,擀皮速度较快。烧卖皮要求类似的荷叶(皮也有皱纹),中间略厚,圆形,饮食业称为"荷叶边""金钱底"。擀制烧卖皮,大都用两种擀杖来擀;一种使用圆走槌(又叫通心槌),另一种是用中间粗两头细的橄榄杖。

圆走槌擀法:一是开片,二是压花边,花边分荷叶边和麦穗边。

开片:先用一个剂子按扁按圆,平放在案板上,撒上玉米淀粉,

 面点原料

然后压上圆走槌（通心槌），双手拿住圆走槌（通心槌）的两端，旋转推压成直径6～7cm的圆片。压花边：将开好的圆片六七张摞一起，每张之间撒上淀粉，然后压上圆走槌（通心槌），双手拿住圆走槌（通心槌）的两端，左手握槌在剂皮的上端，右手握槌柄在剂皮的下端，向下用力压住剂皮边缘向前一按一推，边擀边转，掌握压剂子着力点，两手着力均衡，向同一方向转动，就压出中间略厚四边起皱的烧卖皮。

把剂子按扁按圆，放在案板上，再放擀面杖，左手按住擀面杖的左端，右手按住擀面杖的右端，双手配合擀制。擀时着力点要放在边上，右手用力推动，边擀边转（向同一方向转动），使皮子随之转动，并形成波浪纹的荷叶边形。擀制时用力要匀，同时要擀得圆，擀得均匀，注意不能将皮子边擀破。

③馄饨皮擀法。

馄饨皮擀法与上述两种擀法不同，用大块面团，用大擀面杖。手法是，先把面团揉匀、揉光、揉圆、饧好后，用擀面杖压在面团上，向四周均匀擀开，然后把面皮包卷在擀面杖上，双手掌根压面，向前推滚。每推滚一次，面团就变大变薄一次，把它打开，撒上细粉，防止粘连，再包卷起来，继续向前推滚。推滚时双手用力要匀，并向两端伸展一次，以保持每个部位厚度一致。每次打开包卷的面皮，都要转一下面坯的位置才易擀匀。打开拍粉，卷起，继续推滚，直至面团擀成又薄又匀的大片为止。然后叠成数层，底层宽逐层窄，用刀切成8～9厘米宽长方形的条，打开摞起用刀切成梯形、三角形和方形的小块，即成馄饨皮。

6. 上馅

上馅也叫打馅、包馅、塌馅，是有馅心品种面点的一道必须工序，上馅的好坏直接影响成品的质量。若馅上不好将直接影响制品的外观，所以上馅也是基本操作之一。由于品种不同，上馅的方法不同，上馅的方法大体分为包上法、拢上法、夹上法、卷上法和滚沾法等。

（1）包上法：这种上馅法最常用的，如包子、饺子等大多数品

项目一 面点原料概述

种,都采用这种方法。但这些品种的成型方法不同,如无缝、捏边、卷边、捏花等,因此上馅的多少、部位、方法就随之不同。

(2)拢上法:如烧卖,馅心较多,将馅心放在中间,上好后拢起捏住,不封口,要露馅。

(3)夹上法:即一层粉料一层馅,上馅均匀而平,可以夹上多层,对稀糊的制品,则要先蒸熟一层后上馅,再铺一层,如三色蛋糕类。

(4)卷上法:面剂擀成一片,全部抹馅(一般是细碎丁的和软馅),然后卷成筒形,在熟制后切块,露出馅心。

(5)滚沾法:有热、冷两种滚沾方法。热滚沾方法如藕黏丸子,冷滚沾方法如元宵。

四、面点操作的一般程序

不同的面点制品均有不同的操作程序,应根据品种而定。但大多数情况,要做生产前的准备工作(包括准备工具、原料、发酵、制馅等),成形加工(从调制面团到面点成形,其中包括和馅包馅等),加热熟制等程序。

1. 原料准备

面点制作原料分为坯料、馅料、调料和其他辅助物料四类。在生产以前,应根据制作品种、数量,将需用的全部领齐,放在固定之处。具体有以下四个方面:

(1)根据规定配方进行"称重"和"量容"等手续,核实需用各种料的数量,发现不足的,一定补领。

(2)仔细检查一遍,主要检查品种、质量,需将品种配备齐全;再检查一下有无变质情况及时解决变质的问题。

(3)检查老酵面的情况,保证发酵面团的质量。

(4)对于馅制品,要提前把馅心调制好。

2. 工具准备

根据需要,把应用设备、用具、工具准备齐全,放在取放方便的顺手地方,以利工作。

 面点原料

检查一下各种工具是否完好,如有问题,立即解决。

检查一下工具卫生条件,即是否经过刷洗、晾干、消毒等处理,做得不够的,要重新做,一定保证洁净。

对于机械,还要认真检查零件、运转是否正常,防护设备等是否完善。

3. 操作工序

原料→和面→揉面→搓条→下剂→制皮→上馅→成形→熟制→装盘

(含制馅,从和面到上馅)

复习思考题

一、名词解释

(1)面点;(2)面食;(3)点心;(4)面点制作技术;(5)面粉;(6)面筋。

二、问答题

(1)我国面点技术的发展经历了哪几个时期?

(2)试述我国主要面点流派及特点。

(3)面点制作的地位和作用是什么?

(4)面点制作设备与工具的使用及养护知识有哪些?

(5)加强安全操作观念,及时做好检修工作的内容是什么?

(6)学习面点制作技术的方法是什么?

(7)基本技术动作的重要性是什么?

(8)什么叫和面?

(9)手工和面的要领有哪些?

(10)手工和面的质量要求是什么?

(11)和面的方法有哪几种?分别叙述它们的区别与特点。

(12)揉面的方法有哪几种?分别叙述它们的区别与特点。

(13)下剂的方法有哪几种?分别叙述它们的区别与特点。

(14)制皮的方法有哪几种?分别叙述它们的区别与特点。

(15)上馅的方法有哪几种?分别叙述它们的区别与特点。

(16) 面点制作所用的原料根据其性质和用途分有哪几类?
(17) 选择面点原料应掌握什么原则?
(18) 面筋在面团中的作用是什么?
(19) 什么是主要原料?包括哪些?
(20) 可以调制面团或擀皮的原料必须具备的条件是什么?
(21) 大米的种类有那些?它们的特点是什么?
(22) 怎样用感官检验法鉴别面粉的质量?
(23) 专用小麦粉与通用小麦粉之间的主要不同是什么?
(24) 新鲜蔬菜的新鲜度可以从那些方面来检验?怎样检验?
(25) 调制生猪肉馅选用哪块肉最好?为什么?
(26) 糖在面点中的作用是什么?
(27) 盐在面点中的作用是什么?
(28) 油脂在面点中的作用是什么?
(29) 面点制作中水的质量要求是什么?
(30) 水在面点制作中的作用是什么?
(31) 蛋在面点中的工艺性能是什么?
(32) 乳品在面点中的工艺性能是什么?
(33) 国家规定合成色素的使用量是多少?
(34) 国家规定合成香精的使用量是多少?
(35) 香精使用的注意事项是什么?
(36) 何谓酵母?酵母的种类有哪些?现在发酵制品中应用最广泛的酵母是哪种酵母?

面点原料

项目二 面 团

面团是指各种粮食粉料（包括面粉、米粉和其他杂粮粉）掺入适当的水、油、蛋和填料后经调制（包括和面、揉面）使粉粒互相粘连，成为一个整体团块（包括稀软团和糊浆状团块）。

任务2—1 面团的识别

面团的分类方法有很多，可以按原料的种类分，按调制面团的辅料及面团形成特性分，也可以按面团的形态分。采用一种分类依据往往不全面，我们根据教学的需要采取综合分类方法。

第一层次划分依据调制面团的主料分类。

第二层次依据调制面团的辅料和面团形成的特性分类。

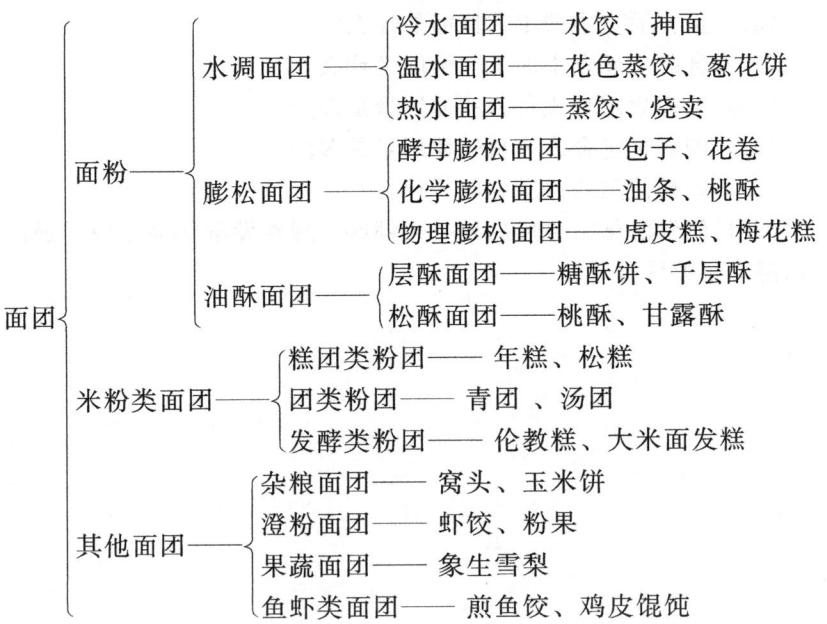

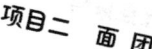 

项目二 面团

任务 2—2　怎样调制面团

一、直接为成形工艺创造条件

成形是指形成成品的形态。成品形态的形成要有一定的条件，不同的品种需要有不同的成形条件和相应的操作。调制面团就是为创造这种成形条件服务的。

二、确定坯料的口味

面点品种的口味来源于三个方面：一是原料本身之味，为本味；二是外来添加之味，为调味；三是成熟转化之味，为风味；

风味又是本味和调味的综合体现。坯料在加工制作时加入外来添加味，是许多品种调味的一个主要内容。例如，蛋糕、蜂蜜麻花等品种的风味，都是在面团形成时确定的。

三、形成成品的质感特色

成品特色主要包括三个方面，即口味特色、形态特色和质感特色。质感特色的形成是面团调制的主要目的之一，也是形成品种风味的关键，在面团调制工艺操作过程中，可以实现制品松、软、糯、滑、膨松、酥脆、分层等各种不同质感，如馒头的松软膨大、水饺的韧滑、蒸饺的软糯等。

四、具有提高制品营养的意义

根据营养学的观点，单一食物原料中所含人体需要的营养成分是不全面的，提高食物的营养价值的有效方法是进行合理地原料组合，以达到营养素互补。在面团调制中，将不同的原料，根据品种生产的不同要求进行合理地组合，是调制面团的主要工艺内容。这一工艺操作的意义远远超过了制作的要求，它对提高制品的营养价值有更重要的意义。因此，在面团的特性、质感、特色等形成中，

对原料的合理组合进行深入的探索,寻求提高食品的营养价值,具有深远的意义。

五、与成熟方法相得益彰,形成风味

成熟具有转化和形成成品风味的作用。一方面,不同的成熟方法能形成成品的不同风味特色;另一方面,成熟方法的运用,又受坯皮特性的相互制约。具有什么性质的坯料,用什么方法成熟,形成怎样的风味,是需要设计确定的。

六、面团的调制技术是面点制作的主要基本功

只有掌握了这门技术,才能进一步学习面点品种的制作。熟练操作技术,对减轻劳动强度、提高工作效率和产品质量具有重要意义。

任务2-3 水调面团

水调面团是指面粉中掺入不同温度的水(有些也可加入少量的辅料和食盐等)经过揉搓而形成的面团。

一、水调面团的特性及形成原理

水调面团是原料在水的作用下形成的,原料在不同水温的作用下形成各种性质的面团。从冷水、温水、沸水三种不同水温对原料所起的影响看,原料所以与水和水温起作用,主要有两方面的因素:一是原料必须具有亲水性,原料与水接触后,经不同方式的调和能很快得到结合;二是原料内所含的主要成分的物理性质可以在与水的结合和水温的作用下发生变化。

水调面团原料的主要成分是淀粉和蛋白质。这两种成分有着不同的物理特性,在受到不同水温影响后会产生不同的理化现象。

(一)淀粉的理化性质

淀粉为无臭无味的白色粉末(颗粒),粒形有圆、椭圆或不规则

形，它是由直链淀粉（淀粉颗粒，50～300 个 G 构成）与支链淀粉（由 300～500 个 G 构成）两部分组成。在植物淀粉中，直链淀粉的含量为 15％～25％，支链淀粉的含量为 75％～85％，两者的含量随植物的种类、品种、生长条件而有较大的区别。

直链淀粉不溶于冷水而溶于热水，生成的胶体溶液黏性不大，支链淀粉在持续加热的条件下才形成黏性较大的凝胶，而这种凝胶在冷却后性质也非常稳定。

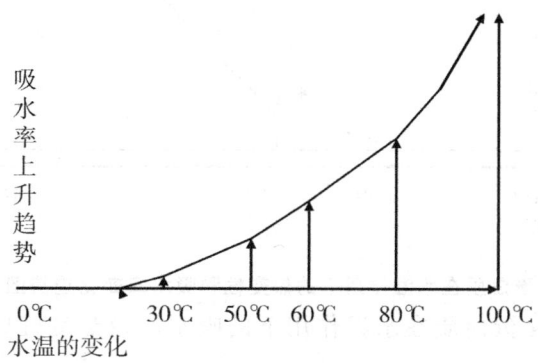

淀粉在水温的作用下的糊化趋势图

我们根据实验可知淀粉性能随接触水的水温变化情况：

常温：基本没有变化，吸水率低。

30℃左右：吸收 30％的水，颗粒也不膨胀，仍保持硬粒状态。

50℃左右：吸水和膨胀率很低，黏度很小。

53℃以上：淀粉出现溶于水的膨胀糊化。

60℃以上：不但膨胀，也进入糊化阶段，颗粒比常温下胀大好几倍，吸水量增大，黏性增强，溶于水中。

67.5℃以上：大量溶于水中，其中直链淀粉分散成胶体溶液，成为黏度很高的溶液；支链淀粉仍以淀粉残余形式保留在水中。

90℃以上：淀粉吸水量进一步增加，黏度越来越大。

淀粉糊化是淀粉在高温下溶胀、分裂形成均匀糊状溶胶的特性。

（二）蛋白质的理化性质

蛋白质也是坯料中的主要成分，它能遇水结合，具有受热变性、

面点原料

使结合水的能力衰退的性质。蛋白质种类很多,能对面团起主导作用的以蛋白质为主。

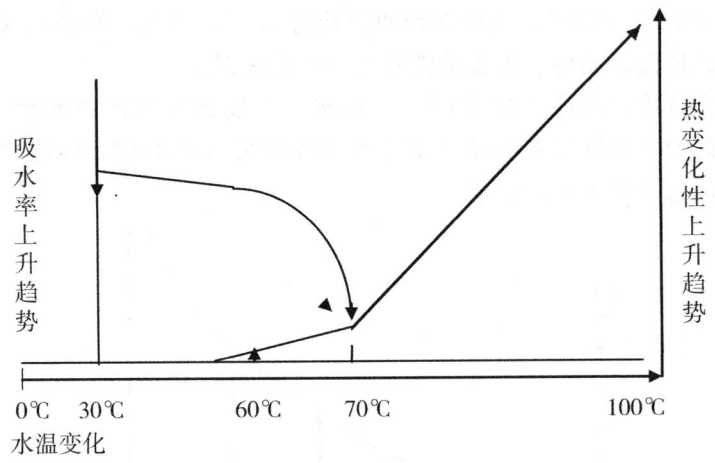

蛋白质在水温作用下的热变性和吸水率变化趋势图

由此可见蛋白质在水温作用下的吸水率及热变性的变化情况,具体如下:

常温 ┌ 遇水:水分子与蛋白质分子的亲水性基团互相作用,生成水化粒子,这时吸水量小。
     └ 吸水后:水分子进入蛋白质内部时吸水量增大,膨胀速度加快。

30℃:蛋白质吸水量最大,能结合150%的水,经揉搓能形成大量的面筋。

60℃~70℃:蛋白质受热开始变性并逐渐凝固,筋力下降,弹性和延伸性减退,黏度稍有增加。

这种热变性随着水温的增高而加快。水温越高,变性越大,筋力和亲水性更加衰退。

通过上述分析,可以得到水调面团中各类面团不同特性的依据。冷水面团之所以具有质地硬实、筋力足、韧性强、拉力大的特性,就是在调制过程中,用的是30℃以下的冷水,水温不能引起蛋白质

项目二 面团

产生热变性及淀粉膨胀糊化所致。所以冷水面团能形成致密的面筋网络,把其他物质紧紧包住的特性,主要是蛋白质的溶胀起的作用。

热水面团与冷水面团相反,用的是水温 90℃ 以上,水温既使蛋白质变性,又使淀粉膨胀糊化。所以,热水面团的成团主要是由淀粉所起的作用,即淀粉遇热膨胀和糊化,大量吸收水分并和水融合成为面团。淀粉糊化后黏度增强,因此热水面团就变得黏、柔,略带甜味(淀粉糊化分解为低聚糖和单糖)。蛋白质热变性导致面筋胶体被破坏,无法形成面筋网络,这又形成了热水面团筋力小,韧性差的另一特点。

温水面团掺入的水温与蛋白质热变性和淀粉膨胀糊化温度接近,因此温水面团成团,是淀粉和蛋白质的共同作用,但其作用既不像冷水面团,又不像热水面团,而是在两者之间。也就是说,蛋白质虽然接近变性,又没有完全变性,它还能形成部分面筋网络。但因水温较高面筋形成又受到一定的限制,因而面团能保持一定的筋力,但筋力不如冷水面团,淀粉虽已膨胀糊化,吸水性增强,但还只是部分糊化阶段,面团虽较黏柔,黏柔性又比热水面团差,就形成了湿水面团既较有韧性又较柔软的特性(即劲中有柔、柔中有劲)。

二、水调面团的调制工艺

(一)面团调制技术及操作要领

面团调制技术一般分为配料、调制和操作三个方面。

1. 配料

配料即用于调制面团的各种原料的配比操作。配料是一种产品的设计,涉及原料组合数量的合理性与产品质量的高低,色、香、味、形、滋质及特色的形成,以及营养价值等方面。因此,配料时必须注意以下三点:

(1)严格掌握好配料的用量,保证品种风味特色的形成。品种所用的原料及原料的配比数量是形成风味特色的关键。各种具有一

面点原料

定风味特色的品种都具有严格、合理的原料配比要求,特别是一些具有地方风味特色和时令特色的品种,更要严格掌握好配料用量。

(2)灵活掌握配料的可变性,合理调整配料用量。配料上的可变性是指对产品质量的要求之间的差异。配料的改变会使制品的质感、质量也因此改变。由于消费者所处的地区、职业、年龄、物质生活条件和生活习惯、食用场合、时间等方面的差异,对制品的质量要求并不完全一样。如地区饮食习惯不同,对口味上的要求就不一样;工厂食堂供应的品种质量与风味点心店出售的品种质量要求不能一样。因此,根据不同的消费需要,在配料上进行可变性设计,可以满足不同消费者的需要。但是,配料用量的可变性调整必须合理、适当。

(3)注意原料配合上的营养互补,提高食品营养价值。在进行配料时,不同的原料含有人体需要的不同营养成分,有意识地进行原料配制、组合可以有效地提高制品的食用价值和营养价值。

2. 调制

调制是只将经过配制的各种原料进行混合的操作,包括原料的调和与调味操作两方面。配料调和操作直接影响工艺制作的顺利进行和产品的质量。操作时应注意以下几点:

1)注意分清不同原料的掺入顺序

由多种原料配制形成的坯皮在调和制作时必须根据不同原料的特性,按照坯皮的形成要求,分别先后进行掺和调制,防止因原料间的相互作用,影响调制的效果和坯皮特性的形成。例如,如抻面中的面碱或蓬灰不应先加于粉料中,而应在成形摔溜条过程慢慢添加。

2)注意掺水、掺油脂等原料的准确性

水油用量的多少,一般都在配料时已经确定,但在实际操作时,会遇上各种可变因素的影响,应进行调整,如粉料的干湿度、空气干燥度、气候变化情况以及放置时间的长短等可变因素。掌握方法

项目二 面团

应分次掺和，视原料吸水、吸油情况进行调整，以达到准确无误。

3）姿势正确，手法灵活

为了便于操作用力，提高操作的效果，坯皮调制时的姿势和所使用的各种动作、手法应准确熟练、灵活，以保证坯皮调制操作的质量要求。例如，用开水调制面团，动作要迅速，若动作缓慢，会使坯皮生熟不匀，坯内带有白茬，影响质量。

4）注意面团的质量要求，做到操作规范

不同的面团具有不同的质量要求，其相对规范的操作要求也有不同，必须分别掌握运用。例如，调制面团应达到匀、透、不夹生粉粒，调制完毕后达到"三光"，即手光、面光、盆（或案板）光的要求。这都与操作时技巧的掌握和运用有关

坯皮的调味操作对形成制品的风味有直接关系。调味操作除了掺和操作外，有的要求进行掺和前的加工，如糖的融化、盐的炒制（椒盐等），以及熬糖、烧卤汁等加工操作。这些操作都必须按照坯皮的要求进行。坯皮往往对制品风味特色的体现有着决定性的意义和作用。

（二）冷水面团

冷水面团是用冷水（水温在30℃以下）与面粉调制的面团。

冷水面团的特点：颜色白、筋力强，富有弹性、韧性和延伸性，吃口爽滑、筋道。

1. 冷水面团的种类

水量的变化对冷水面团的性质有着重要的影响。根据用水量可将冷水面团分为硬面团、软面团、稀软面团三种，它们的性质及运用都略有区别。

（1）硬面团：坚实、韧性好，适宜做面条、饺子、馄饨等。

（2）软面团：弹性、延伸性好，适宜做抻面、馅饼等。

（3）稀软面团：延伸性好，适宜做春卷皮、拨鱼面等。

2. 冷水面团配方

冷水面团配见方见表2-1。

表 2-1　冷水面配方

面团	面粉	水
硬面团	500 克	225 克以下
软面团	500 克	225～300 克
稀软面团	500 克	300 克以上

以上配方的用水量范围，随着面粉的筋力强弱变化会有调整，而且需注意，在实际操作中据品种的要求还可添加鸡蛋、盐、碱等。

3．工艺流程

工艺流程为：下粉→掺水→拌和→揉搓→饧面。

4．调制方法

（1）硬面团和软面团的调制方法：面粉置于案板上，中间扒一个圆坑，然后掺水，先加入大部分水。使用抄拌法将粉与水拌和均匀成雪片状，再将小部分水洒在雪花面上，反复揉搓至面团光洁，此后盖上洁净的湿布，静置饧面。

（2）稀面团的调制方法：将面粉放入盆内，加入大部分水，抄拌成软面团，再逐步加水调制成面浆。

5．调制工艺要领

（1）正确掌握加水量：加水量要根据制品要求而定，具体操作时要综合考虑面粉质量、温度等因素。特别对于硬面团，水量若偏少会很难成团，偏多会对成品口感产生不良的影响。因此，配方水量提前确定好，在此特别提醒初学者在调制面团之前一定要先按配方称量原料。

（2）和面时要分次掺水：分次掺水既能便于调制，又可随时了解面团软硬情况。和面时一般分 2～3 次掺水，第一次掺水量占总水量的 70%～80%，第二次占 20%～30%，第三次将剩余的少量水洒在面上。第一次掺水拌和面时，要观察粉料吸水后的软硬情况，若小面块很接近要求的软硬度时，第二次掺水要酌量减少，分次掺水可很好地控制面团软硬度的情况，以便正确掌握加水量。

（3）添加食盐的目的：冷水面团中加入食盐，是为了增强面团

项目二 面团

筋力,使面筋弹性和韧性增强,面筋劲力不易衰竭老化,水化作用减少,面筋变得坚硬。

(4) 添加面碱的目的:冷水面团中加入面碱具有软化面筋、降低面团弹性、增加延伸的作用。在擀制手工面、押面等常常加碱,常言道"碱是骨头,盐是筋",如果面团不加碱,煮制的面条容易变软、烂,失去劲力、爽滑与韧性。加碱煮制的面条,不断、不烂、爽滑、劲道、不浑汤,因为淀粉在碱性条件下比较稳定,在一段时间内具有劲性、韧性、爽滑等特点。

(5) 加蛋的目的:冷水面团中加入蛋液可使面团表现出更强的韧性,如馄饨、面条面团中常用加蛋来增加其爽滑的口感,甚至用蛋液代替水和面制成金丝面、银丝面。由于蛋液中蛋白质含量高,暴露在空气中易失水变成凝胶即干凝胶,易使面团表面结壳,面条、馄饨皮僵硬,因此加蛋的冷水面团硬度比直接加水的面团稍软。

(6) 揉面的作用主要有三个方面。①使各种原料混合均匀。②加速面粉中的蛋白质与水结合形成面筋。③扩展面筋,若揉面时间短,没扩展的面筋由于蛋白质结构不规则,使面团缺乏弹性。经过充分揉制的面团,蛋白质结构得到规则伸展,使面团具有良好的弹性、韧性和延伸性。行话说"揉能上劲"就是这个道理。因此,调制冷水面团时一定要充分揉搓,将面团揉透、揉光滑。对于拉面、押面、在揉面时还需有规则、有次序、有方向,使面筋网络变得规则有序。但揉的时间不是越久越好,揉久了面筋衰竭、老化,弹性、韧性又会降低。

(7) 静置饧面:所谓饧面是指将揉搓好的面团静置一段时间。饧面的作用,使面团中未吸足水分的粉粒有一个充分吸收的时间。这样面团中就不会有白粉粒,使没有伸展的面筋进一步得到伸展,面筋得到松弛,延伸性增大,使面团更加柔软、滋润、光滑,富有弹性。饧面时间一般是 10～15 分钟,有的也可达到半个小时左右。此外,饧面必须加盖湿布,以免风吹后发生面团表皮干燥或结皮现象。

(8) 质量要求:光洁、均匀、韧性强、延伸性好。

 面点原料

(9) 用途：常用于面条、水饺、馄饨、拉面、刀削面、草帽饼、筋饼等制品的制作。

例1　生猪肉馅水饺

配方如下。

(1) 皮料：面粉500克，水200克，盐2克。

(2) 馅料：肉馅500克，盐2~3克，酱油10克，鲜贝露10克，芝麻油10克，花椒面2克，味素5克，鸡粉5克，蚝油10克，胡椒粉2克，料酒5~10克，姜末10克，白糖5克，葱花50克，熟豆油25~50克，水175~200克（或高汤）。

工艺流程：

和面→揉面→搓条→下剂→制皮→上馅→成形→熟制

　　　　　　　制馅————————————↑

制作过程如下。

(1) 制馅：猪肉剁成碎末放入盆内，加调料喂好口，5分钟后加水、味素，并顺着一个方向搅拌至肉馅呈黏稠状即可。水要分两到三次加入，第一次加70%的水，每次间隔15分钟。水上好后10分钟加熟豆油，同时加葱花，拌匀备用。

(2) 和面：将面粉内加入2克盐，200克30℃左右的水调和揉匀，揉透，饧面30分钟。

(3) 成形：饧好的面坯搓成长条，直径约1.5厘米，揪70个剂、搓圆、按扁、擀皮、包馅捏成半月形饺子生坯。

(4) 熟制：用旺火沸水煮饺。生饺子下锅后，立即用勺背轻轻推动，让制品在水中转起来，以免生坯粘连或粘锅底，待饺子浮起，要点两至三次水，保持锅内水沸而不腾，避免剧烈翻腾的水将饺子冲烂，造成漏馅。待饺子皮鼓起，皮与馅心脱离，按之即起，皮无白茬馅心发硬即熟。用漏勺捞出饺子，沥干水分，盛入盘中即成。

风味特点：皮薄馅大、爽滑筋抖、鲜咸而香，柔软松嫩。

(三) 温水面团

温水面团是用60~70℃的温水和面粉调制而成的面团。

温水面团的特点：面团颜色较白，有一定筋力、韧性和较好的

可塑性，做出的成品不易走样，口感适中。

1. 温水面团的种类

温水面团根据所用水温和加水量的不同可分为：四生面、五生面、六生面、七生面。

所谓"四生面"是指温水调制的面团中，有六层的面粉受热变性，有四层的面粉仍保持冷水面团的性质。

2. 温水面团配方

温水面团配方见表2－2。

表 2－2 温水面团配方

面团	面粉/克	水/克	水温/℃
四生面	500	225～300	80
五生面	500	200～275	60

以上配方的用水量范围需根据品种的要求来确定面团的软硬度。

3. 工艺流程

工艺流程为：下粉→掺温水→和面→揉面→散热→饧面。

4. 调制方法

温水面团的调制与冷水面团相似。即先将面粉置案板上，中间刨个圆坑，掺入温水，迅速与面粉拌和，抄拌成雪花状，反复揉搓至面团光滑，此后将面团摊开或切成小块晾凉，再进一步揉搓成团，盖上湿布备用。

5. 调制工艺要领

（1）水温、水量要准确：水温过高，会引起蛋白质明显变性，淀粉大量糊化、面团筋力弱，黏柔性强、颜色发暗，达不到面团性质要求；水温过低，则淀粉不膨胀、糊化、蛋白质不变性，面团筋力强，易使花色蒸饺类制品造型困难，成品口感不够柔软。具体水温的掌握要根据品种的要求，考虑气温、粉温的影响灵活掌握。加水量的多少要根据品种的要求，考虑水温等因素的影响灵活掌握，使调制出的面团软硬适度。水温升高时面粉吸水量增大，反之则减小。

（2）应散去面团中的热气，如果热气散不净，淤集在面团的热

气不但使面团容易结皮,还会使表面粗糙、开裂、所以应散去面团中的热气。

(3) 动作要迅速。

(4) 质量要求:可塑性强,并有一定的韧性和延伸性。

(5) 用途:常用于制作搅面馅饼、葱油饼、花式蒸饺等。

例 2　葱油饼

配方:面粉 500 克,豆油 50 克,葱花 50 克,盐 3 克,水 300 克。

工艺流程:和面→揉面→搓条→下剂→擀片→刷油→撒盐→撒葱花→成形→熟制。

制作过程如下。

(1) 和面:面粉至于案板上加入 60～70℃的水调和均匀,洒上少许的凉水,用掌跟擦匀、擦透,摊开晾凉后揉成团饧 15 分钟。

(2) 成形:将饧好的面团搓成 6 厘米粗细均匀的条,揪成每个 160 克的面剂,擀成 8 厘米宽、20 厘米长的长方形,刷上油,撒上盐、花椒面、葱花,从短边卷起,卷成圆柱形,再把两头收好口,不要让葱花外露,螺旋按扁,饧 10 分钟左右,擀成直径 20 厘米左右的圆饼。

(3) 熟制:将平锅加热至 180～200℃时,放入饼坯,经"三翻四烙"刷两次油(两面刷油),呈金黄即熟。

风味特点:金黄色,丁字花,外焦里嫩,有浓郁葱香味。

(四) 热水面团

热水面团是用 90℃以上的热水和面粉调制而成的面团,一些地区称之为烫面。

热水面团的特点:面团色泽较暗,韧性较差,黏柔性、可塑性良好。

项目二 面团

1. 热水面团的种类

热水面团根据所用水温和加水量的不同可分为沸水面团、二生面、三生面。

沸水面团是用沸水在锅中加面粉调制而成的面团,又称开水面、全熟面,一些地区也称之为烫面。

特点:由于水温高始终保持100℃,面粉中的蛋白质完全变性,淀粉大量糊化,因而面团黏糯、柔软、无筋力,可塑性强,色泽暗,口感细腻,略带甜味。

2. 热水面团配方

热水面团配方见表2－3。

表2－3 热水面团配方

面团	面粉/克	水/克	水温/℃	熟猪油/克
沸水面	500	350～750	100	50
二生面	500	400～550	100	50
三生面	500	275～375	90	50

调制热水面团加入猪油的目的是使调制出的面团更加细腻、滋润,成品不易干硬。一般是面团烫后加入猪油。

3. 工艺流程

工艺流程为:下粉→烫面→拌粉→淋冷水→和面→揉面→散热→饧面。

4. 调制方法

面粉置于案板上摊开,把热水均匀地浇在面粉上,边浇水边用面推水,拌和均匀后,洒上少许的冷水,加入大油,在揉搓成团,然后将面团摊开或切成小块晾凉,使面团内热气散去,再进一步揉搓成团,盖上湿布备用,饧面。

5. 调制工艺要领

(1) 热水要浇匀,调制过程中要边浇水边拌和,浇水要匀,水浇完,面拌好。这样可以使面团中的淀粉快速均匀地吸水膨胀、糊化、蛋白质变性,减少面筋生成,使面团性质均匀一致。

面点原料

（2）要及时撒上冷水揉团：当加热水拌和均匀后揉团时需均匀洒上少许冷水再揉搓成团，这样可使面团软糯性更好，成品糯而不黏。

（3）必须散去面团内热气：因为用热水和面后，面团有一定热度，热气郁集在面团内部，易使淀粉继续膨胀、糊化，面团会逐渐变软、变稀、甚至黏手，制品成形后易结壳，表面粗糙。因此，面团和好后，摊开晾凉，使面团中的热气散去，水分也随之散失一些，淀粉不再继续吸水。

（4）面团不易多揉，只能揉匀，多揉则生筋，失去热水面团的特点。

（5）质量要求：黏、柔、糯。

（6）用途：主要用于制作蒸饺、锅烙、烧卖、单饼、合饼等。

例3 推边合子

配方如下。

（1）皮料：面粉500克，沸水200~250克，猪板油50克。

（2）馅料：韭菜350克，鸡蛋150克，豆油50克，鸡粉5克，味素5克，精盐3克，香油10克。

工艺流程如下。

和面→ 揉面→ 搓条→ 下剂→ 制皮→ 上馅→ 成形→ 熟制

制馅─────────────────────↑

制作过程如下。

（1）和面：首先将面粉摊放在案板上，浇开水，边浇边推搅后加猪油，淋上少许的冷水，再用掌根擦匀，擦透，最后将面团摊开，晾凉后揉和成面团饧15分钟后用。

（2）制馅：将鸡蛋用生豆油加热炒熟，成黄豆粒大小，冷却后加盐、味素、鸡粉、味素香油调和均匀，包制时掺上剁好的韭菜拌成花素馅。

项目二 面团

（3）成形：将面团搓成长条，揿成20个面剂，擀成厚薄均匀的圆片，直径10cm，左手持皮，右手拨馅，另一张皮盖在上面，先捏合几处，然后在圆饼周边用推的手法推出波浪形花边即成生坯。

（4）熟制：饼铛加热至150～160℃时，淋上少许的生豆油，摆上包好的生坯，经三翻四烙后，两翻刷生油，约六分钟左右即熟。

风味特点：金黄色，丁字花，花边均匀，外焦里嫩，鲜咸清香。

任务2－4　膨松面团

在调制面团过程中，除了加水或鸡蛋外，还要添加酵母菌或化学膨松剂或采用机械搅打，使面团具备膨松能力，这种面团就称为膨松面团。

面团要具备膨松能力，必须要具备两个条件：一是面团内部要有能产生气体的物质或有气体存在，因为面团膨松的实质就是面团内部气体膨胀改变其组织结构，使制品膨松柔软，这是面团膨松的前提，二是面团要具有保持气体的能力。

根据面团内部气体产生的方法不同，膨松面团大致可分为生物膨松面团、化学膨松面团和物理膨松面团。

一、生物膨松面团的调制技术及运用

生物膨松面团就是发酵面团，是在面粉中加入适当温度的水和酵母菌后，在适宜温度的条件下，酵母菌生长繁殖产生气体，使面团膨胀松软。餐饮业中常见的生物膨松剂有以下两种。

（1）纯酵母菌：有液体鲜酵母、压榨鲜酵母和活性干酵母三种。特点是膨松速度快、效果好、操作方便，但成本高。

（2）酵种：又称面肥、老肥。即前一次用剩的酵面面团中除了酵母菌外还有杂菌，特点是发酵时间长需兑碱，操作难度大但成本低，因此生物膨松面团又分为纯酵母面团和酵种发酵面团。

二、发酵面团的发酵原理

面团中引入了酵母菌，酵母菌就获得面粉中由淀粉、蔗糖分解

面点原料

产生的单糖作为繁殖增生,进行呼吸作用和发酵作用的营养物质,产生大量的 CO_2 气体,并同时产生水和热量。CO_2 气体被面团中的面筋网络包住不能逸出,从而使面团出现蜂窝组织,变得膨大、疏松,并产生酒香气味。如用酵种发酵还会产生酸味,这就是发酵面团发酵原理(表2-4)。

表2-4 温度对酵母菌的影响

温度	酵母菌的繁殖情况
0℃以下	停止生长繁殖
15℃	生长繁殖速度缓慢
25℃	生长繁殖速度快
30℃	生长繁殖速度最快
60℃以上	丧失生长繁殖能力

1.影响面团发酵的因素

(1)温度的影响:酵母菌的活力受温度的影响很大(见表2-4)。发酵面团的温度主要来自水温、气温和发酵过程中产生的热量。发酵过程中面团的温度主要根据当时的气候条件,用水温来调节。如夏季用35~40℃的水,春季用40~45℃的水,冬季用45℃左右的水,使调制好的面团温度达到30℃左右,以利于酵母的生长繁殖。面团温度过低,发酵速度迟缓;面团温度过高,杂菌繁殖较快,因为醋酸菌的最适温度为35℃,乳酸菌为37℃,面团酸度将增高。

(2)酵母的影响:首先是酵母的发酵能力的影响,纯酵母发酵力强,但鲜酵母一般都低温保存,与干酵母一样,使用时最好先温水活化,以提高它们的发酵能力。面肥发酵隔天的酵种发酵能力较强,膨松质量和效果都很好。发酵时间过长的面肥发酵力较弱,异味也大。其次酵母数量过多时,它的繁殖率反而下降。一般情况下已加入面粉量的1%左右为宜。同时还要考虑气候、水温及制作品种等因素。

(3)面粉质量的影响:对面粉质量的要求,一是提供酵母养分

项目二 面团

的能力,二是保持气体的能力,指面筋蛋白质的含量和质量。面粉中单糖的含量很低,绝大部分单糖都是淀粉在淀粉酶的作用下转化来的,若面粉变质或经高温处理,淀粉酶将受到破坏,直接影响到酵母的繁殖,降低产气的能力。面粉中的面筋网络具有抵抗气体膨胀力,阻止气体逸出的性能。面粉面筋含量过少或筋力不足,酵母发酵产生的气体就不能保持,面团不能膨松胀发;面筋过多,筋力过强,也会阻碍面团的膨胀,达不到理想的发酵效果。因此,制作包子、花卷、馒头一类的发酵制品,一般以中筋面粉为多。

(4)面团软硬的影响:一般情况下,含水量多的面团,酵母繁殖率高,发酵较快,面团较软,容易被发酵中所产生的二氧化碳气体膨胀,但气体容易散失;掺水量少的面团,酵母繁殖率低,因面团较硬,对气体的膨胀抵抗力较强,因此发酵速度较慢。所以面团过软过硬都会影响发酵的效果,和面时加水一定要适当,要根据制品的要求、气温、面粉含水量及面筋蛋白质的含量等因素来掌握。

(5)发酵时间的影响:发酵时间的长短,对发酵面团的质量是至关重要的。发酵时间过短,面团不胀发,色暗质差,影响成品的质量;发酵时间过长,面团变得稀软无劲,若面肥发酵则酸味强烈,成熟后软塌不松发,因此发酵时间长短要根据酵母的数量和质量、水温、气温等因素综合考虑。

以上五种主要因素是互相影响和制约的,要综合考虑,其中时间的控制最为关键。

2.生物膨松面团的调制技术及运用

根据酵母菌的来源不同,生物膨松面团分为酵母发酵面团和酵种发酵面团。

1)酵母发酵面团的调制方法及运用

酵母发酵面团一般用于面包、包子、花卷、馒头等制品的制作。不同的制品发酵方法不一样,一般可分为一次发酵法和二次发酵法。

一次发酵法又称直接发酵法,是和面时按配方一次投入全部原料制成面团进行发酵的方法。制作馒头、花卷等制品的面团,一般采用一次发酵法;一部分面包面团也是采用一次发酵法,这种方法

省时省力，但风味较二次发酵法稍差。

配料：面粉、酵母菌、水、白糖，还可加油、盐、蛋、香精。

工艺流程：选粉→（酵母＋白糖＋水＋其他辅料）→和面→揉面→静置饧面。

调制方法：将面粉倒在案板上，中间扒一坑塘，将活性干酵母、白糖置于中间，加35～40℃的水调匀；再与其他辅料和面粉一起和成面团；揉匀揉透，揉到面团十分光滑后盖上湿布静置发酵。若是制作面包，一般将面团置于温度为28℃，湿度为75％的温箱中发酵90～120分钟。

技术要点如下。

（1）严格把握面粉质量，制作不同面点的品种，对面粉的要求不一样，一般制作馒头、花卷选用中低筋面粉，而制作面包则选用高筋粉。

（2）控制水温与水量。要根据气温、面粉的用量、保温条件、调制方式等因素来控制水量，原则上以面团调制好后面团内部的温度28℃左右为宜。制作不同的品种，加水量也有差别，要根据具体情况来决定加水量。

（3）掌握酵母的用量。酵母用量过少，发酵时间太长；酵母用量太多，其繁殖率反而下降。所以酵母的用量一般为面粉量的1％左右。

（4）面团要揉匀、揉透，揉到十分光滑为止，否则成品不膨松，表面不光洁。

二次发酵法也称间接发酵法，是先调制一部分将原料，进行第一次发酵，然后把其余原料全部加入进行第二次调粉和第二次发酵的方法。第一次发酵的目的是使酵母增殖，一般发酵2小时；第二次发酵大约1小时。二次发酵法一般用于面包的制作。

2）酵种发酵面团的调制方法和运用

酵种也称面肥、老肥、引子等。如果酵种没有或用完了则需重新培养，常用白酒培养和酒酿培养法。酵种发酵面团一般采用一次

发酵法,即酵种作引子,加入到面粉和水中,调制饧发面团。

酵种发酵面团的种类较多,有大酵面、嫩酵面、碰酵面、呛酵面和烫酵面团等。这些面团的原料和工艺流程大致相同,调制方法不同,其特点和用途也就不太一样(表2-5)。

表2-5 酵种发酵面团的调制方法、特点及用途

酵面种类	调制方法	特点	用途
大酵面	将面粉、面肥(占面粉用量1/10)与水和成面团,经一次发酵充足的面团(发酵时间春秋为3小时、夏天1~2小时、冬天5~6小时)	膨大松软、制品暄软色白	各式包子、花卷等
嫩酵面	调制方法与大酵面相同,但发酵时间只有大酵面的1/3~1/2	发酵不足、松中有韧,延伸性较强质地较紧密	千层油糕、汤包等
呛酵面	在对好碱的大酵面中呛入30%~40%干粉调制而成的酵面,在老肥中掺入50%的干粉调制发酵而成的酵面,发酵时间与大酵面相同,要求发足、发透,要加入较多的白糖	制品硬实、光洁、弹性强,吃口干硬、有嚼劲、面团较硬、没有筋性,其制品表面开花,绵软香甜	呛面馒头、高桩馒头等开花馒头等
碰酵面	使用较多的老酵与温水、面粉调制而成的酵面。一般老酵占4成,水调面占6成,也有1∶1的。它是大酵面的快速调制法	蓬松柔软,随制随用,但质量较差,只用于继续生产	同大酵面
烫酵面	就是把面粉用沸水烫熟,拌成雪花状,稍冷后再加入老酵面揉制而成的酵面	性糯、柔软、微甜	黄桥烧饼等

配料:面粉、老肥、水、面碱。

工艺流程:面粉、老肥、水→和面→揉面→发面→兑碱。

调制方法:将面粉置于案板上,中间扒一个坑塘,加入老肥和水拌匀,和面、揉面,至面团表面光滑为止。

技术要点如下。

（1）根据制品要求选择酵面品种。

（2）控制发酵时间。要根据酵面种类，成品的要求、气候条件掌握发酵时间。

（3）掌握用料比例。要根据不同气候条件灵活掌握比例。

（4）面团要调匀揉透。手工和面，揉面强度较大，可用和面机、压面机操作，速度快、质量好。

（5）酵面的发酵程度，主要通过感官鉴定：

发酵正常。用手按有弹性，质地光滑柔软；切开酵面，剖面有许多均匀小孔，可嗅到酒香味。

发酵不足。用手按面团，硬实不膨松，切开酵面、剖面无孔洞或孔小而少，无酒香味。

发酵过大。用手按易断、无筋力，切开酵面，剖面孔多而密，酸味很重。

（6）兑碱：酵面兑碱是用酵种发酵面团制作发酵制品的关键技法之一。

兑碱量。兑碱量的多少要根据酵面种类，气候条件、水温、成熟方法，成品要求等因素综合考虑。以大酵面为标准，发酵正常面粉与碱的比例为1%。即碱：面粉＝1：100。

兑碱方法：采用揣碱法加碱。

验碱法：采用感官检验法，见表2－6。

表2－6 感官鉴定法

方法	加碱量	面团特征
嗅	正碱	有淡淡的酒香味、面香味
	碱大	有碱味
	碱小	有酸味
尝	正碱	有甜味、面香味
	碱大	有碱味、涩味
	减小	有酸味、黏牙

项目二 面 团

续表

方法	加碱量	面团特征
看	正碱	剖面有圆形绿豆大小分布均匀孔洞
	碱大	剖面有扁长形、密集的孔洞，如芝麻大小或更小
	碱小	剖面有分布不均的较大的孔洞，如黄豆、豌豆大小
听	正碱	用手拍面有"嘭嘭"声
	碱大	用手拍面有"啪啪"声
	碱小	用手拍面有"扑扑"声
试（蒸）	正碱	色白、膨松、形态饱满
	碱大	有黄色（或制品表面有黄色带）、碱味
	碱小	色暗、味酸、制品表面有结块

例 4 馒 头

配方：面粉 600 克，面肥 400 克（含水应 560 克），清水 240 克，面碱 5 克。

工艺流程：和面→兑碱→揉面→搓条→下剂→成形→熟制。

制作过程如下。

（1）先将 600 克面粉放在案子上并成窝形，加入 560 克撕碎的面肥、240 克 35～40℃的清水和适量的碱液和成团，揉匀、揉透，使面坯表面十分光滑为止。放置饧发 15 分钟左右。

（2）将饧好的面团搓成 6 厘米粗细均匀的条，揪成 70 克/个的面剂。

（3）取过面剂稍加浮面放在左手掌心中，右手五指弯曲扣在左手上，向顺时针方向搓揉，边搓边收呈圆球状。

（4）将生坯整齐有间隙地排放在铺有湿布的笼屉上，在 25～35℃的条件下饧 15 分钟左右，当制品的体积比原来增大 1/3 时可上屉用旺火蒸 15 分钟，成熟出屉。

风味特点：色泽洁白、形状饱满、松软光滑、气孔细密、弹性良好。

面点原料

二、化学膨松面团的调制技术及运用

化学膨松面团就是在配料时加入化学膨松剂,经调和形成具有受热膨松酥脆特性的面团。

化学膨松面团成品特点是膨松酥脆。化学膨松法适用于含油多的面团。

生物膨松面团的风味优于化学膨松面团,但油多会使酵母表面形成油膜,酵母菌因吸收不到养料而失去活性。在这种情况下,用化学膨松物质可弥补酵母的不足。

化学膨松剂主要有两大类:一类是发粉膨松剂,如小苏打、泡打粉等;另一类是矾、碱、盐等。

1. 化学膨松原理

两类化学膨松剂的化学膨松原理都是相同的,即将化学膨松剂调入到面团中后,熟制时受热发生化学反应,产生大量的 CO_2 气体,使制品内部结构产生多孔组织,达到膨大、疏松,这就是化学膨松的基本原理。

2. 化学膨松面团的调制方法及运用

1) 发粉膨松面团

可用小苏打、泡打粉等,一般用于多油、多糖的面团,如桃酥、甘露酥、卢果等。

发粉膨松面团调制的关键在于小苏打泡、打粉等化学膨松剂的调制及运用。

配料:面粉、白糖、油、鸡蛋、水、膨松剂。

工艺流程:(面粉+膨松剂)→拌匀→加(糖+油+蛋+水)→调匀→擦匀或折叠均匀→成团。

调制方法:面粉和化学膨松剂在案板上拌和均匀,中间扒一坑,加入油、糖、蛋、水等辅料调至均匀,再用面粉揉擦均匀或折叠均匀,形成面团。

调制要点:

项目二 面 团

（1）严格控制化学膨松剂的用量，化学膨松剂过多会对制品的质量产生影响，尤其是小苏打等碱性膨松剂，其残留物呈碱性或有异味，用量过多会严重影响产品的风味和质量。

（2）选择适宜的使用方法。不同的膨松剂具有不同的使用方法，如臭粉调制面团不宜用热水，36℃开始分解，60℃完全分解，二氧化碳气体易损失。往往在制品熟制前和熟制初期即分解完毕，因而不宜单独使用，常和小苏打配合使用，与矾碱盐使用时，须先将矾、碱分别溶解后，再混合加入粉料中。

（3）不同特点的面团需采用不同调制方法。有些面团需要形成面筋网络，一般要揉匀揉透，否则制品表面会出现斑点，影响膨松和口味；有些面团不需要面筋网络，不能多揉，只能用复叠方法使之成团，否则就会生筋，不利成品松发。

（4）掌握不同面团的调制和静置时间。不同化学膨松剂都有不同的反应过程，调制和静置与反应过程不一样。否则，会造成膨松失败，影响产品质量，如油条面团的调制需采用撕捣揣的方法成团，饧发油条面团必须根据配料，制定饧面时间膨松效果才好。

（5）根据品种要求选择合适的膨松剂。膨松剂一般适合于多糖、多油的膨松面团，大多为烘烤、油炸类制品，如桃酥、甘露酥、麻团、油炸糕等。

例5 莲茸甘露酥

配方：面粉500克，白糖250克，鸡蛋100克，大油100克，奶油150克，鸭蛋黄10个，莲茸350克，臭粉3.5克，泡打粉5克。

工艺流程：（面粉＋膨松剂）→拌匀→加（糖＋油＋蛋＋水）→调匀→折叠均匀→成团→搓条→下剂→按皮→包馅→成形→熟制。

制作过程如下。

（1）和面：将面粉和化学膨松剂在案板上拌和均匀，中间扒一坑，加入油、糖、蛋、水等辅料调至均匀，再将粉料折叠均匀，形成面团。

（2）成形：将面团搓成条，下成十个剂，取一个面剂按扁包入

面点原料

馅心（馅心：将莲茸均匀地分成十份，每份包入一个鸭蛋黄）成球形，再将成形后的生坯表面刷层蛋液，摆入考盘。

（3）熟制：将烤炉炉温升至200℃，生坯入炉烘烤15～20分钟，呈棕红色，制品挺实既熟。

（4）装盘：每个改刀成八份，装盘、摆好即可。

风味特点：色泽金黄、膨松酥化甘香，馅有蛋黄的咸香、莲茸的甜香。

2）矾碱盐面团

矾碱盐膨松面团是将明矾、碱、盐用水化开后与面粉拌匀，捣揣成团的一种面团。

矾是指明矾，学名叫钾铝矾，也称硫酸钾铝，分子式是：$[KAl(SO_4)_2]\cdot 12H_2O$ 或 $K_2SO_4\cdot Al(SO_4)_3\cdot 24H_2O$，是一种复盐。明矾为无色透明的结晶性碎块或结晶性粉末，无臭，有酸涩味，在水溶液中有水解作用，溶液呈酸性，在油条中起膨松酥脆等作用。

面碱：学名碳酸钠，分子式是 $Na_2CO_3\cdot 10H_2O$，无色透明结晶体，溶于水呈碱性，在油条中起膨松作用。

食盐：学名氯化钠，分子式是 $NaCl$，无色立方结晶体，呈咸味，分精盐、粗盐两种。在油条中起增加面团筋力，调节成品口味的作用。

水：要求无色透明没有异味，合乎饮用水卫生标准，硬度适中。水在油条中的作用是调节面团的稠度，促进面筋的生成，溶解矾碱等水溶性物质。

矾碱的用量是制作油条的关键，它们的用量首先是由粉料中的面筋质决定的，其次与季节因素有关。

一般情况下矾碱的用量与面粉料面筋质的含量呈正比，否则成熟时面团内所产生的二氧化碳气体不足以使制品充分膨胀或产生的气体过多冲破制品的表皮，油脂就会通过制品表皮的气孔渗透到内部，造成制品"喝油"。由于我们使用的面粉不是专用粉，其面筋含量每一批都有一定的差别，再加上季节与温度的变化及饧面时间的

差别,因此配方不是固定的,而是可变的。

例6 油 条

配方:标粉1000克,明矾30克,面碱35克,食盐12克,水600克。

工艺流程:矾碱盐→捣料→掺水→拌粉→揣面→叠面→饧面→抻条→剁条→摆条→炸制→成品。

制作过程如下。

(1)和面:根据面粉的质量、季节等因素选择配方,下料,将矾碱盐在缸盆中捣碎,投入1/3的水(水温50℃左右),使其溶解。拌粉时盆中有90%的水就行,加入粉料抄拌成麦穗状,将面团撕抓均匀,随着带入余下的水分,将面团揣匀揣透,双手再插入靠盆边处的面团,将一部分面团带起,使其自然向缸盆底边摔去,将面团表皮所含的游离水,通过气体所产生的压力挤入面团内部,折叠,如此转圈摔叠,直到面团光滑为止。再折叠四面,叠好面团后饧十五分钟,再揣叠两遍,揣面,如下页图一,双拳半握按箭头指向运动,叠面时,要四面叠,成正方形,如下页图二所示要求两三遍,饧15分钟后,继续揣叠四面,重叠两遍,最后一遍要将面从盆的一侧叠至另一侧,如下页图三所示。最后将面团的表面刷油,用油布盖好,饧2小时左右。饧好后置于案板上,根据面团横竖劲的方向拉开摊平,面团厚3~4厘米为宜。

(2)成形:切一条宽10~13厘米的面团用作抻条。抻条时右手按住面的一头,左手托条,从右向左抻,右手前掌随着向左按,抻出的条宽6~7厘米,厚1~1.5厘米;剁剂,用小方刀将条剁成2~3厘米宽的小剂;(3)摆条:将两个小剂摆在一起,用筷子或小拇指略压一下,再用两手的拇指和食指捏住剂的两头,不可太使劲,猛然抻两下,抻至40厘米左右,即可摆条。(4)熟制:当锅中的油温升至210℃时,方可摆条。条入锅时不易立即松手,使其稍微定型方可松手。看锅人左手持一根筷子,负责新入锅的一根油条,当油条漂起时要马上直弯,迅速翻个,翻个翻得越早、越多、油条起发的

面点原料

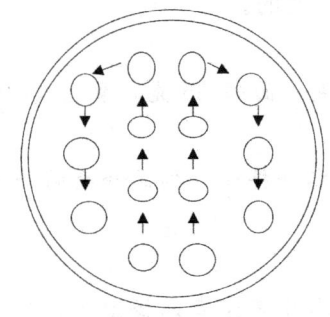

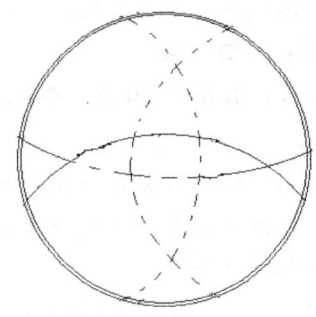

图一　　　　　　　　　图二

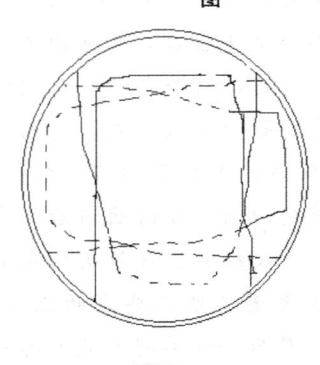

图三

越好；右手持一双筷子负责锅里其他油条的翻个，上色、出锅等程序。翻个时要轻而匀，轻是不使油面打浪，匀是使油条受热均匀，不出现"阴阳脸"，即一面色重、一面色浅。

风味特点：金黄色或虎皮色，外酥，内软，起发好，富有面粉与油脂的香味。

质量标准：一两一根，四头平，不并条，不开条，起发好，两端无剂头，粗细均匀，金黄色或虎皮色，长一尺至一尺二之间。

三、物理膨松面团的调制技术及运用

物理膨松面团是指利用鲜蛋或油脂作调搅介质，经高速搅动打进气体并保持其内，然后加入面粉等原料搅拌而成的面团。

物理膨松面团的膨松是依靠鸡蛋清的起泡性或油脂的打发性，通过机械搅动打进空气，成熟时，空气受热膨胀而使制品疏松膨胀。

物理膨松面团依调搅介质不同，分为蛋泡面团和蛋油面团。

1. 蛋泡面团的膨松原理

蛋泡膨松面团主要利用了鸡蛋蛋白的起泡性。蛋白是一种亲水性胶体，具有良好的起泡性。蛋液经强烈搅打，混入大量空气，空气泡被蛋液薄膜所包围形成泡沫。由于蛋泡薄膜有一定的表面张力,使空气泡变成球形气泡。蛋液本身的黏度和加入的原料(如白糖、面粉)附着在蛋泡表面,使蛋泡变得浓厚坚实,增强了蛋泡的机械稳定性,蛋泡的持气性增强。当熟制时,空气受热膨胀,蛋白质受热凝固,使制品具有膨大多孔的疏松结构,并具有一定的弹性和韧性。

2. 影响物理膨松面团膨松的因素

(1) 黏度:黏度对蛋泡稳定影响很大,黏度大的物质有助于泡沫的形成与稳定。因为蛋白具有一定的黏度,所以打起的泡沫比较稳定。糖本身具有很高的黏度,在打蛋过程中加入大量蔗糖,可提高蛋液的黏稠度,提高蛋白气泡的稳定性,便于充入更多的气体。

(2) 蛋的质量:新鲜蛋和陈旧蛋的起泡性有所不同。新鲜蛋白具有良好的起泡性,而陈旧蛋的起泡性差,气泡不稳定。这是因为蛋随贮存时间延长,浓厚蛋白减少,稀薄蛋白增多,蛋白的表面张力下降,黏度降低,影响了起泡性。

(3) pH:对蛋白泡沫的形成和稳定影响很大。在偏酸性下泡沫较稳定,因而打蛋时有时需加入酸性物质(如柠檬酸、醋酸等)。

(4) 温度:各原料的温度对蛋泡的形成和稳定性影响很大。蛋糖温度较低时,蛋液黏稠度大,不易打发,打发所需时间长;蛋、糖温度较高时,蛋液黏稠度较低,蛋泡保持空气的能力差,即蛋泡稳定性差,蛋液容易打泄。新鲜蛋白在30℃时起泡性能最好,黏度也最稳定。

(5) 油脂:油脂是一种消泡剂。因为油脂具有较大的表面张力,蛋液气泡膜很薄,当油脂接触到液气泡时,油脂的表面张力大于蛋泡膜本身的延伸力而将蛋泡膜拉断,气体从断口处很快冲出,气泡立即消失。所以打蛋时用具一定清洗干净,不要沾有油污。

(6) 蛋糕乳化剂——蛋糕油:蛋糕油的主要成分是脂肪酸单甘酯,搅打蛋液时加入蛋糕油乳化剂可吸附在气液界面上,使界面张力降低、液体和气体的接触面积增大,蛋泡膜的机械强度增加,有利于蛋液的发泡和泡沫的稳定,还能使蛋泡膨松面团中的气泡分布均匀,使蛋糕制品的组织结构和质地更加细腻、均匀。使用乳化剂以后,蛋泡膨松面团的搅打时间大大缩短,从而简化了生产工艺。

面点原料

(7) 打蛋方式、速度和时间：无论人工或机器搅打都要自始至终顺一个方向搅打。搅打蛋液时，开始阶段应采用快速，在最后阶段应改为中慢速，这样可以使蛋液中保持较多的气体，而且分布均匀。打蛋速度和时间还应视蛋的品质和气温变化而异。蛋液黏度低，气温较高，搅打速度应快，时间要短；反之，搅打速度要慢，时间要长。搅打时间太短，蛋液中充气不足，空气分布不均，起泡性差，做出的蛋糕体积小；搅打时间太长，蛋白质胶体黏稠度降低，蛋白膜易破裂，气泡不稳定，易造成打起的泡发泄；若使用乳化法搅拌工艺，搅拌时间过长，易使面团充气过多，面团比重过小，烘烤的蛋糕容易收缩塌陷。因此，要严格掌握好打蛋时间。

(8) 面粉的质量：制作蛋糕的面粉应选用以筋力弱的软麦制成的蛋糕专用粉或低筋面粉，面筋力过高，易造成面团生筋，影响蛋糕膨松度，使蛋糕变得僵硬、粗糙、体积小。

虎皮糕配方见表 2－6。

表 2－6　虎皮糕（方糕）配方　　　　　　（单位：克）

配方	鸡蛋	白糖	低筋粉
1	1000	800	600
2	1000	600	400
3	1000	1000	1000

例7　虎皮糕

配方：蛋糕粉 300 克，糖浆 500 克，鸡蛋 500 克。

工艺流程：

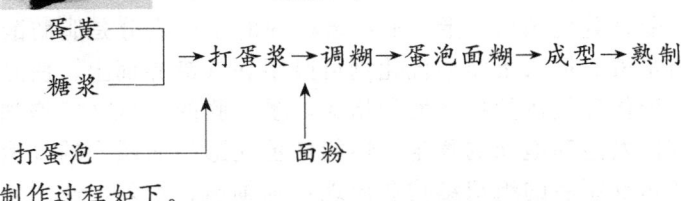

制作过程如下。

(1) 打蛋浆：①把鸡蛋的清、黄分开、各放一个盆中。②把糖

项目二 面团

浆倒在鸡蛋黄的盆中,搅匀。③鸡蛋清抽糊,能立住筷子为止。

(2)调糊:把抽好的蛋清糊,倒进鸡蛋黄盆中,搅匀,再放入蛋糕粉,慢慢搅拌均匀。

(3)成型:(入模)将烤盘铺纸刷油,蛋糊入烤盘。

(4)熟制:烘烤温度,入炉时180℃,入炉后5分钟升至200℃,10分钟后升至210℃。烘烤时间约15分钟左右,用牙签插入蛋糕坯内不挂面糊即熟。

质量标准如下。

色泽:表面金黄或虎皮色、边墙黄白色、不焦底不糊面。

内质:起发均匀、孔隙细密、无大气泡、有弹性、压缩后能还原。

口味:入口松软、无硬感、不黏牙、具有蛋香味及各种辅料应有的香味,无异味。含水量20%~24%。

风味特点:金黄色或虎皮色、起发好、有弹性、蛋香味浓郁、入口松软香甜。

任务 2-5 油酥面团

油酥面团是指以面粉和油脂作为主要原料,再配以水、辅料(如鸡蛋、白糖、化学膨松剂等)调制而成的面团。其成品具有膨大、酥松分层、美观等特点。

油酥面团的分类:

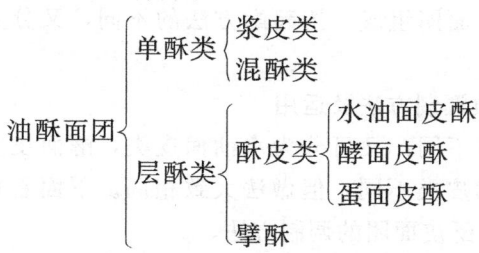

一、油酥面团成团、起酥原理

油酥面团成团、起酥,都与油脂的性质有关。简单地说,油脂

面点原料

是一种胶体物质，具有一定的黏性和表面的张力，当油掺入面粉内，面粉的颗粒就被油脂包围，黏结在一起，因油脂的表面张力强，不易化开，所以油和面粉黏结不紧密（比面粉与水结合松散得多），但经过反复的"擦"扩大了油脂颗粒与面粉颗粒接触面，也就是充分增强油脂的黏性，黏结逐渐加强，成为面团，这就是油酥面团必须经"擦"成团的基本原理。但是油酥面团的面粉颗粒和油脂颗粒并没有结合起来（只是油脂颗粒包围面粉颗粒，并依靠油脂黏性黏结起来），并不像水调面那样蛋白质吸水形成面筋网络，蛋白质吸水膨润增加黏度，所以，油酥面团仍然比较松散，没有黏度，没有筋力，这也形成了与水调面团不同的性质，即它的起酥性。油酥面团具有酥性，除了它没有面筋网络和淀粉黏度外，还有以下几个原因：

第一，面粉颗粒被油脂颗粒包围、隔开，面粉颗粒之间的距离扩大，空隙中充满了空气。这些空气受热膨胀，使成品酥松。

第二，面粉颗粒吸不到水，不能膨润，在加热时更容易"炭化"变脆。

据上所述，完全用油与面粉调制的面团，虽具有良好的起酥性，但面团松散，不易成形，加热散开，无法加以利用。因此，必须采用其他方法与之配合，这就形成了加水、糖、膨松剂的单酥，包入其他面皮内的干油酥所形成的各种层酥面团。

二、层酥类面团的调制方法及运用

层酥类面团是由两块面团组成，按起酥方法的不同，又分为酥皮类面团和擘酥面团两种。

1. 酥皮类面团的性质调制方法及运用

酥皮类面团按面皮的不同，又可分为水油面皮类，酵面皮类及蛋面皮类面团三种，虽然皮类不同，但做法大致相同。下面着重介绍水油面包干油酥形成的酥皮面团的调制方法、

1）水油面团

水油面团又叫水油皮、水油酥。

水油酥：主要是由水、油、面粉调制而成的面团。

项目二 面 团

水油酥的性质：既有水调面团的筋力、韧性和保持气体的能力（但其能力又比水调面团小），又有油酥面团的润滑性、柔顺性和起酥松发性（但松发性又不如干油酥）。

水油面的调制方法如下。

配料：面粉、水、油。

工艺流程：水＋油搅匀→加面粉拌和→揉搓→成团。

调制方法：将面粉倒在案板上，中间扒一坑塘，将油和30℃左右的水加入其中搅匀，然后由里向外将水油面调和拌匀揉匀揉透成为光滑的面团。

2）干油酥

干油酥是只用油脂和面粉调制而成的面团。

干油酥的性质：起酥性好，但面团松散、软滑、缺乏筋力、黏度，不能单独制成成品。

干油酥的调制方法如下。

配料：面粉、油。

工艺流程：下料→掺油→拌匀→擦制→成团。

调制方法：将面粉倒在案板上，中间扒一坑塘，将油加入其中，先将油和面粉拌和均匀，用双手掌根一层一层地向前推擦，擦完成堆后，再将其滚回继续推擦，如此反复，直到擦匀擦透，形成组织细腻、软硬适当的面团。

3）水油面、干油酥的调制要点

（1）原料的选用。油脂一般使用冷的熟猪油，因为它常温下呈固态，用它和干油酥时呈片状，因而用同量的熟猪油，润滑面积比较大，成品酥性更好，色泽也好。热油则黏结不成团，成品易脱壳，或边易开裂。水油面中的水一般用30～40℃为宜，并随着季节变化而调整，夏天温度低，冬天则高一些。

（2）严格掌握用料的比例。水油面中用油量是根据品种的质量要求、成熟方法而定，一般情况下，大众化食品，如糖酥饼类水油酥配料的比例是，面粉∶水∶油＝10∶3.5∶1.6。精细点心，如白皮酥类水油酥配料的比例是，面粉∶水∶油＝10∶3∶2。明酥类水油酥配料的比例是面粉∶水∶油＝10∶4∶1.2。烘烤制品的水油酥中需多加油，油炸制品的水油酥中要少加油。水油酥中水过少，起酥后易发硬断裂，油过多则不容易擀制成形。干油酥中面粉与油的比例一般为面粉∶油＝2∶1。

（3）面团调制技法要得当。调制水油面时，首先要将水油混合均匀，调制时采用揉搓的方法，使面团起筋，形成滋润光滑的面团，并且有一定的筋力和良好的延伸性、可塑性。干油酥要采用擦的方法，使油脂与面粉颗粒充分结合。

（4）水油酥与干油酥的软硬要一致。如果不一致，起酥时易造成水油酥与干油酥分布不均匀，甚至出现漏酥现象。

4）破酥

破酥又称起酥、开酥、包酥，是将干油酥包入水油酥中，经擀、卷、叠、下剂形成有层次酥皮的加工过程。破酥又分为大包酥和小包酥。

（1）大包酥：又称大破酥、大酥，适用于大批量生产，所用的面团较大，一次可制作十几个到几十个剂子。优点是速度快、效率高，缺点是酥层不易起得均匀、质量较差。

（2）小包酥：又称小酥，适用于少量制作一些精细酥点，所用面团较小，一次可制作一个到几个剂子。优点是酥层均匀、面皮光滑、不易破裂，缺点是较费工时、速度慢、效率低，制作方法同大包酥。

5）破酥的要点

（1）水油酥与干油酥的比例要得当。水油酥过多，则成品不易分层，口感硬实，不酥松；干油酥过多则成形困难，易断裂、漏馅，成熟时易散碎，一般水油酥与干油酥的比例为水油酥∶干油酥＝3∶2或1∶1。具体操作时其用料要视品种要求和成熟方法而定（例如白皮酥水油酥与干油酥的比例为水油酥∶干油酥＝1∶1，明酥制品水油酥与干油酥的比例为水油酥∶干油酥＝7∶3）。

（2）水油酥与干油酥的软硬度要一致。若水油酥软，干油酥过硬，皮子易破裂酥层分布不均匀；反之，也易造成酥层分布不均匀。

项目二 面团

(3) 将干油酥包入水油酥中,应注意,使水油酥皮子四周厚薄均匀,防止顶端收口处过厚,致使按坯擀片后两样油酥分布不均匀。

(4) 擀皮起酥时,两手用力轻重要适当、均匀。擀出的面皮要平整、规则,才能保证酥层均匀。如果用力过重,会使干油酥压向一面或两样油酥黏结在一起而影响分层起酥。

(5) 明酥制品,擀皮起酥时,生粉尽量少用,卷圆筒时,要尽量卷紧,否则酥层之间不易黏结,造成脱壳,同时还会因生粉过多而影响成品质量和油的清洁。

(6) 暗酥制品破酥卷圆筒时,不要卷紧,最好折叠,酥层会更好。

(7) 起酥后,酥皮以及下好的剂子都要盖上湿布,尽快制作,以防外皮起壳发硬而影响成形。

6) 酥皮制作的种类及制作方法

根据制品表面酥层的表现形式,酥皮制品一般分为明酥、暗酥、半明半暗酥。

第一种,暗酥,是指在成品的表面看不到层次或只在局部看到层次。

由于制法不同,暗酥可由圆段侧按和叠酥来表现。

圆段侧按:是将起酥后制成的卷筒酥,用手摘或用刀切成剂,剂子的侧面向上,用手按成酥皮包上馅心制成一定形状,制品表面没有或只是局部看到酥层,如糖酥饼、白皮酥等。

叠酥:是将起酥后形成的长方形酥皮改刀成圆形或方形坯皮,包馅后制作成一定形状,制品表面没有或只是局部看到酥层。制品与圆段侧按的相同。

制作暗酥的要点:根据不同品种要求,选择用圆段侧按还是叠酥;皮不宜太薄;收口不能露馅,破酥时刀要快,以防酥层粘连。

例8 糖酥饼

配方:面粉1000克,豆油300克,白糖200克,水200克,熟面100克,熟豆油50克。

面点原料

工艺流程：

和面→开酥→卷筒→下剂→制皮→上馅→成形→熟制

制馅⸺⸺⸺⸺⸺⸺↑

制作过程如下。

（1）和面：水油酥的调制：将600克面粉置于案板上，扒个塘加入豆油100克、水200克（30℃左右），调和均匀，揉匀，搓透，制成水油酥。干油酥的调制：将面粉400克，豆油200克在案板上擦匀擦透，制成干油酥。

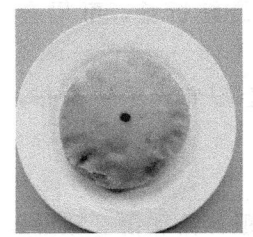

（2）制馅：将白糖、熟面、熟豆油搓擦均匀，制成糖馅。

（3）开酥：将干油酥包入水油酥中，再用走锤擀成3毫米厚的长方形薄片，上下对叠卷成圆柱形，挖成75克/个的剂。

（4）成形：将剂按成中间厚边上薄的皮，包入15克的糖馅，擀成直径10厘米的圆饼，饼面中心点个红点。

（5）熟制：当炉温升至210～230℃时，生坯入炉，烤12～15分钟。

风味特点：金黄色或虎皮色、层次分明、不混酥、不露馅、不塌腔、外酥、里嫩、香甜。

第二种，明酥，是指制品的酥层明显地呈现在外面，并且酥层所占的表面积较大。明酥的表现形式一般由螺旋纹形和直线纹形两种。由于制法不同，明酥可用圆酥、直酥、叠酥和排丝酥等来表现。

圆酥：是将经过起酥制成的卷筒酥用刀直切成一个个圆段，将其截面向上放置，用手略按，擀成圆形坯皮进行包捏，使圆形纹理在外面，如立酥合子、燕窝酥等。

直酥：是将经过起酥制成的卷筒酥，切成圆段，沿圆心剖成两块，剖面向上，擀成酥皮，在反面包上馅心后制成一定形状，在制品表面形成直接层次，如白兔酥、枇杷酥等。

叠酥：是将起酥后形成的长方形酥皮改刀切成圆形或长方形坯皮，包馅或不包馅经过剪、切等方法使制品表面形成大量酥层，如

千层酥、海棠酥、荷花酥等。

排丝酥：是将起酥后形成的长方形酥皮改刀成条状，抹上蛋清，然后将切面朝上，互相粘连，再有层次一面再抹上蛋清，然后贴上一块薄水油皮，并在此面内包上馅心，另一面有层次在外，经过成形，使制品表面形成直线形层次。

制作明酥的要点：圆酥剂子要按正擀圆，用力得当，刀口要快。

例9　千层酥

配方：面粉350克，熟面粉150克，猪油120克，水140克，砂糖25克。

工艺流程：和面→开酥→叠酥→切剂→成形→熟制。

制作过程如下。

（1）和面：水油酥的调制：取面粉350克，猪油42克，清水140克在案板上调和均匀，揉匀，搓透制成水油酥。干油酥的调制：将熟面粉150克，猪油78克在案板上擦匀擦透制成干油酥。

（2）开酥：将干油酥包入水油酥中采用大包酥，擀成长方形的薄片，长宽比为2∶1，厚为0.5厘米，两侧宽边为大包酥的封口部位，将没酥的部分截去，由长的方向对折成三折四层，再擀成长宽比为2∶1，厚为0.5厘米，此处的长边是原来的宽边，再将边没

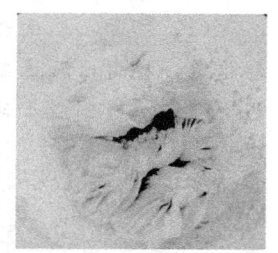

酥的部分截去而后在折叠三折为十层，同样再擀开后折叠一次，为19层，在擀成正方形厚0.5厘米的片，截去没有酥层的四边，破酥完成。

（3）成形：将开酥后的面坯，切拉成长9厘米、宽3厘米的长条，在条的中间顺条的方向再切拉一道3厘米长的口，将一头从刀口处翻套出来即成。

（4）熟制：首先将制品摆在平底的笊篱里，而放入到120～130℃的油锅中，油是制品的10倍以上，先浸炸，当制品的酥全部吐出时，及时将油温升至140～150℃，逐渐将制品炸至层次分明，

色白变硬时起锅,最后在千层酥上面撒上绵白糖或红色糖即成。

质量标准:色泽洁白、层次分明,薄而均匀不混酥,香甜酥脆。

第三种,半暗酥,是指制品的酥层一半藏在里面一半露在外面。

通常圆酥切段后,截面向上,用手沿45°角斜按下去,或刀与圆酥成45°角直接斜切成剂。按成边薄中间厚的皮,包上馅心,制成一定形状后,螺纹部分朝外,如雪花酥。

制作要点:擀皮时中间稍厚,四周稍薄,其层次清晰的一面朝外。

例10 雪花酥

配方:面粉350克,熟面粉150克,猪油120克,水140克,豆沙馅300克。

工艺流程:和面→开酥→卷筒→下剂→制皮→上馅→成形→熟制。

制作过程如下。

(1)和面:取面粉350克,猪油42克,清水140克在案板上调和均匀,揉匀,搓透制成水油酥;将熟面粉150克,猪油78克在案板上擦匀擦透制成干油酥。

(2)开酥:将干油酥包入水油酥中,再用走锤擀成0.2厘米厚的长方形薄片,由下至上卷成圆柱形,用片刀以45°的角,斜拉切成面剂,每个25克。

(3)上馅:将剂按成中间厚边上薄要求酥层一半藏在里面一半度露在外面的圆皮,包入重约10克的馅心,收严剂口呈圆形。

(4)成形:将包好的坯子面朝上,用擀面杖正反两面擀成直径5厘米的圆饼。

(5)熟制:将猪油放入锅中,烧至120~130℃时,离火把生坯下锅浸炸,待饼慢慢浮上油面,酥吐出层次展开,再上火将油温升至140~150℃炸成白色,熟后捞出放凉,撒上绵白糖,即可上桌。

项目二 面团

风味特点：色泽洁白、层次分明、口味酥香、营养丰富。

2. 擘酥面团的调制方法和运用

擘酥面团是广式面点心中的一种油酥面团。也是由酥面和坯面两块面团组成，以干油酥面团为皮、水调面团为酥心，采用折合叠酥法起酥。

1) 酥面的调制

配料：熟猪油和面粉。

工艺流程：熟猪油→掺入面粉→拌和擦制→压形→冷冻→酥面。

调制方法：在凝结熟猪油中掺入少量面粉，拌和擦制均匀，压成板形，放入铁箱内加盖密封，再放入冰箱内冷冻至油脂发硬，成为硬中带软的结实板块即可。

调制要点：要掌握好用料比例，一般面粉是熟猪油质量的30%；控制好冷冻时间；一般选用凝结有韧性的熟猪油、奶油、黄油等油脂制作。

2) 水面的调制

配料：面粉、蛋液、白糖、清水。

工艺流程：面粉＋鸡蛋液＋白糖＋水→拌和→揉搓→冷冻→水面。

调制方法：面粉倒在案板上，中间扒一坑塘，将蛋液、白糖、清水放入其中调匀，再与面粉搅拌均匀，用力揉擦，揉至面团光滑上劲为止，放入铁箱中，加盖密封，入冰箱冷冻即可。

调制要点：掌握用料比例，每一种料都要进行称量；控制冷冻时间；面团必须揉匀揉透。

起酥：采用折合叠酥的方法。

将冻硬酥面平放在案板上，用走槌擀压、平压后再取出水面，也擀压成与油酥面大小相同的长方形块，放在酥面上，对正，用通心槌擀成日字形，将两头向中间折叠，轻轻压平，折成四层，再擀成长方形。在第一次折叠的基础上再用通心槌压成日字形，同上述一样进行第二次折叠。在进行第三次折叠时，擀成长方形后，叠成三层再擀成长方形，放入铁箱冷冻半小时即可。临用时，取出下剂，

面点原料

制成各种坯皮。

起酥要点：掌握用料比例，控制冷冻时间；酥面和水面软硬度要一致，操作时落槌要轻，擀制时用力要均匀。

例 11　奶油清酥角

配方：面粉 500 克，奶油 500 克，全蛋液 125 克，水 150 克，豆沙馅 130 克。

工艺流程：和面→开片→冷冻→开酥→冷冻→下剂→制皮→上馅→成形→熟制。

制作过程如下。

（1）和面：取面粉 300 克，放在案板上中间扒一个坑塘，加入白糖、蛋液 75 克，清水搅至糖溶化，与面粉一起糅合成团成为水皮，放在平底盘的一边；奶油与剩余面粉擦成酥面，放在平底盘的另一边，盖上湿布冷冻 2 小时。

（2）开酥：将酥面用走槌擀成长方形薄皮，再用走槌将水皮擀成与酥面一样大小的长方形薄片，放在酥面上放正，擀成日字形，将两头向中间折叠，轻轻压平，叠成三层，再擀成长方形，在第一次折叠的基础上在用通心槌压成日字形，同上述一样进行第二次折叠，在进行第三次折叠时，擀成长方形后，叠成两层再擀成长方形厚 0.3 厘米，放入铁箱冷冻半小时即可。

（3）下剂：将冷冻好面坯，用快刀分割成 5 厘米见方的面坯 16 块。

（4）上馅成形：将将每块坯子上面，放入重约 5 克的馅心，再对角折叠成三角形，表皮刷层蛋液，排放在烤盘上待烤。

（5）熟制：将烤盘放入 180～200℃ 的烤箱中 15～20 分钟即可上桌。

风味特点：金黄或虎皮色、层次分明、口味酥香、奶香味浓郁、营养丰富。

三、单酥类面团的调制方法及运用

单酥类面团又称酥面团，其制品是由一块面团制成。根据制作

项目二 面团

方法的不同,单酥面团又可分为混酥和浆皮类等。其成品不分层,但有一定的酥性,有的还具有一定的蓬松性。

1. 混酥类面团调制方法及运用

混酥类面团是由面粉、油脂、白糖、鸡蛋、乳品、水及适量的膨松剂等调制而成的面团。

配料:面粉、油脂、白糖、鸡蛋、乳品、水、膨松剂等。

工艺流程:面粉+膨松剂拌匀过筛→油+糖+蛋搅拌均匀→拌、擦或叠匀→成团。

调制方法:将面粉与膨松剂拌匀过筛置于案板上,中间扒一个坑塘,加入油、糖、鸡蛋等原料,将这些原料搅成均匀的乳浊液后,与面粉拌成雪花状后再采用堆叠的方法将松散的料变成软硬适合的面团。

调制要点:

(1) 油、糖、蛋要先搅匀乳化后才能拌粉,防止所加入的原料分布不匀,影响面团质量。

(2) 调制及放置面团的时间不宜过长,否则会生筋,影响面团的酥性。

(3) 调制面团的温度及软硬度要适宜,面团用油量越大,温度要求越低,一般20~30℃为宜。面团过软,制作不易保持形态;面团过硬,则其制品口感不够酥松,若需加水,要一次加足,不宜在面团调制过程中再加水。

混酥类面团主要用于甘露酥、桃酥等。

例12 桃酥

配方:中筋面粉1000克,豆油400克,鸡蛋125克,水100克,白糖500克,臭粉30克,小苏打4克。

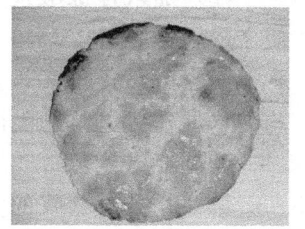

工艺流程:配料→和面→成形→装盘→烘烤→冷却。

制作过程如下:

面点原料

(1) 和面：将面粉于膨松剂拌匀过筛置于案板上，中间扒一个坑塘，加入油、糖、鸡蛋等原料，将这些原料搅成均匀的乳浊液后，与面粉拌成雪花状后再采用堆叠的方法将松散的料变成软硬适合的面团。

(2) 成形：将调制好的面团，搓成长条，按入模具中，用刀削平摆入烤盘。

(3) 烘烤：当炉温200℃时，将生坯入炉烤制，一般炉温控制在170～200℃之间，烤10～12分钟，呈棕红色，即可出炉。

质量要求如下。

(1) 造型：规整，摊裂度一般不小于生坯直径的130%，不大于生坯直径的150%。

(2) 色泽：棕红色，底面一致。

(3) 内部组织：起发均匀，空隙细小，酥松性强。

(4) 口感：入口酥松，略脆。

(5) 口味：香甜。

2. 浆皮类面团的调制方法及运用

浆皮类面团又称提浆面团，是以面粉、油脂、糖浆等为主要原料调制而成的面团，具有可塑性好、口感松软、质地细腻的特点。

配料：面粉、油脂、白糖、柠檬酸、水、碱水等。

工艺流程：白糖加水熬化→加柠檬酸→糖浆＋碱水＋油脂→乳浊液＋面粉→抄拌均匀→揉制成团。

调制方法：

(1) 将白糖放入锅中加水，置于火上融化，熬成糖浆。

(2) 加入柠檬酸搅匀，加入碱水搅拌、再加入油脂，充分搅拌使之成乳浊液。

面粉过筛置于案板上，中间扒一个坑塘，倒入糖油乳化液抄拌均匀，揉搓成光结的面团。

调制要点：

第一，熬制糖浆的方法要得当，不同品种对糖浆要求不同，熬制糖浆的原料和方法都有差别，糖浆的浓度要恰当，糖浆过稀则糖

分不足,调制面团时易生筋;糖浆过稠时则面团发硬,成形时易裂开。

第二,控制好面团的硬度。面团的硬度可通过调制面团时分次加粉来调节,一般与馅心的硬度相一致。

第三,掌握好面团的调制方法。糖浆一般先和碱水充分混合,再与油脂充分搅拌乳化。若搅拌时间过短,乳化不足,则调出的面团内部性能不一。拌面程度及放置时间也要恰当,多拌或面团放置时间过长,则面团易生筋。

例13 蛋黄莲蓉月饼

配方:面粉500克,糖浆375克,花生油13克,碱面1.5克,鸡蛋100克,莲蓉馅150克,咸蛋黄20只。

工艺流程:配料→和面→成形→装盘→烘烤→冷却。

制作过程如下。

(1)和面:将面粉过筛置于案板上,中间扒一个坑塘,加入糖浆350克、花生油、碱面搅拌均匀,与面粉调拌均匀,揉成团,饧置20分钟。剩余的糖浆与蛋液拌匀。

(2)制馅:将莲蓉馅分成20份,每份包上1只蛋黄待用。

(3)成形:将饧好面团分成20个面剂,每个面剂按扁后包入莲蓉蛋黄成圆形,收口处朝上按入模具中,扣出摆入烤盘。

(4)烘烤:当炉温240~250℃之间时,将生坯入炉烤制6分钟。即可出炉。趁热刷上一层糖浆、蛋液混合的浆。

质量要求:花纹清晰、金黄油润、入口软滑、有浓厚的莲子、蛋黄香味。

任务2-6 米粉面团

米粉面团是指由米磨成的粉与水及其他辅料调制而成的面团。常用的米粉有糯米粉、粳米粉和籼米粉三种。不同的米粉由于其特征不同,调制出的面团的性质也不一样。

面点原料

一、米粉面团的特性及成团原理

米粉的组成成分与面粉基本一样,主要成分也是淀粉和蛋白质,但两者的性质却不相同。米粉中的蛋白质主要是谷蛋白和球蛋白,不能形成面筋;米粉中的淀粉在冷水条件下也不能吸水膨胀产生黏性。因此用冷水调制的米粉面团松散、无劲、韧性差,不能用其制皮包捏成形,所以一般不能用冷水调制。如果需要用米粉调制面团,只能提高其调制水的温度,使米粉中的淀粉发生膨胀糊化产生黏性面团,这就是米粉面团的成团原理。

米粉与面粉的差别还表现在发酵能力上。面粉面团既有活性的淀粉酶能把部分直链淀粉分解为单糖,为酵母繁殖提供养分产生气体,又有蛋白质形成面筋网络包裹气体,因此可以制作发酵制品。糯米和粳米粉不具备这两个条件,一是其所含的淀粉酶绝大多数较低,二是米粉中的蛋白质不能形成面筋网络,不能保持气体,所以粳米粉一般不能用来制作发酵制品;籼米中含有较多的直链淀粉,若再掺入糖、面肥等成分,就能增加酵母繁殖的养分、增强保持气体的能力,籼米就可以用来制作发酵制品。

二、米粉面团的调制技术及运用

根据调制方法的不同,米粉面团大致分为糕类粉团、团类粉团、发酵类粉团三种。

1. 糕类粉团的调制方法及运用

糕类粉团是由糯米粉、粳米粉或籼米粉加水、糖等拌制加热揉按而成的粉团,可分为黏质糕粉团、松质糕粉团和加工粉团三种。

1) 黏质糕粉团的调制方法及运用

黏质糕粉团一般是先成熟后成形。原料大多为细糯米粉、粳米粉配制,在蒸熟后经过揉按工序,使成熟糕粉黏和到一起。成品具有韧性大、入口糯的特点。

配料:糯米粉、粳米粉、糖(或盐)水。

工艺流程:糯米粉+粳米粉→拌粉→掺水(可加糖或盐)→静

项目二 面团

置→夹粉→蒸制→揉按→黏质糕粉团。

调制方法：根据制品的要求，称取一定量的糯米粉和粳米粉拌和均匀，掺入适量的清水、白糖或盐，使糕粉达到"拢则成团，散则成沙"的效果，静置一段时间，使粉粒吸收调料和水。然后进行夹粉，将粉团筛散，放入蒸桶或笼中蒸制成熟，倒在铺有洁布的案台上，双手抓住布角，将熟粉揉按成光滑的粉团。

调制要点：

（1）配料要准确。糯米粉和粳米粉的用量必须根据制品的要求而定。掺水量要根据米粉品种及加工方法、生产季节而有不同，用糖越多掺水量越少。

（2）加工方法要得当，拌粉要均匀，糕粉静置时间主要由粉质和季节来控制，如冬季需静置8~10小时，春季3~4小时，夏季仅需2小时，在蒸制前必须夹粉，否则糕粉结团不易蒸熟；蒸制时糕粉需要逐渐加入，因为若一次加入，不易蒸透，揉按时必须趁热进行。

黏质糕粉团主要适合制作桂花白糖年糕、玫瑰百果蜜糕、卷心糕、马蹄糕等黏质糕制品。

例14 花糕

制法：

（1）取细糯米粉600克、粳米粉400克置案板上抄拌均匀，中间扒一坑塘，加入白糖360克、玫瑰酱、红曲米继续抄拌均匀；再加入清水200毫升拌匀，过筛成糕粉。

（2）蒸桶内以竹箅垫底，桶壁抹上素油，先加入约10厘米厚的糕粉蒸至蒸气透出糕粉时，将余粉陆续加入，直至加完，在继续蒸10分钟取下。

（3）将熟糕粉倒在铺有洁布的案板上反复揉按直至光滑，成玫瑰味潮糖熟糕。

（4）用剩余的原料同法制成桂花潮糖熟糕。

（5）将两块糕分别按成2厘米厚的方块，相叠后按平直，等量

面点原料

匀切成 40 块，面上撒上咸桂花既成。

特点：红白相间、柔软香甜、入口细腻。

2）松质糕粉团的调制方法及运用

松质糕粉团一般是先成形后成熟，制作时将粉放入特制的模具内成形再蒸熟。松质糕大都以粗糯米粉、粳米粉配粉。松质糕粉团韧性小、入口松软。

配料：糯米粉，粳米粉，白糖（或盐）水。

工艺流程：糯米粉＋粳米粉→拌粉→掺水（可加糖或盐）→静置→夹粉→松质糕粉团。

调制方法：松质糕粉团的配粉，拌粉、掺水、静置、夹粉的程序与黏质糕相同。松质糕粉团形成的是松散的粉团，再经过入摸成形，蒸制成熟即可制成成品。

松质糕粉团主要用于制作五色小圆松糕、定胜糕等松质糕制品。

例 15 猪油定胜糕

制法：

（1）将粗糯米粉、粳米粉放于案板上，中间扒一坑塘，加入白糖拌和，再洒入清水拌匀。静置 6 小时。

（2）在静置后的糕粉中加入玫瑰酱、红曲米粉拌匀，拿出定胜糕模具一套，下面以糕板垫底，往模孔中加入糕粉至孔的一半，再放入干豆沙、甜板油丁，用糕粉加满，刮平余粉后撒上松子。

（3）另取底板盖在模具上，翻身，去掉糕模及糕板。

（4）放入蒸箱足气蒸 20 分钟。装盘。

3）加工粉团的调制技法

加工粉团也称潮州粉团，是将糯米粉经过特殊加工制成的粉，加水调制而成的粉团。其特点是软滑而带韧性，主要运用于广式点心，如制作水糕皮等。

调制方法是将糯米先浸泡一段时间，再滤干用小火将糯米煸炒至水分蒸发米脆时，取出放凉，磨制成粉，加水调制成粉团。

项目二 面团

2. 团类粉团的调制方法及运用

团类粉团是指糯米粉和粳米粉按一定的比例掺和后，加水并采用适当的调制方法制作而成的粉团。

根据制品成形时坯样的生熟不同，可将团类粉团分成生粉团和熟粉团两种。生粉团是先成形再经过加热而成熟；熟粉团一般是先成熟，再包馅成形。

1）生粉团的调制方法及运用

生粉团的调制方法主要有沸水粉芡拌制（泡心法）和粉芡拌制（煮芡法）两种。

配料：糯米粉，粳米粉，（沸）水等。

工艺流程：

（1）泡心法：糯米粉＋粳米粉→拌粉→沸水烫制→冷水和团→冷水和面→揉制面团。

（2）煮芡法：糯米粉＋粳米粉→拌粉→1/3粉加工揉成饼状→煮制成熟→加入余下2/3粉→揉制成团。

调制方法：

（1）泡心法：将按一定比例配好的米粉放与案板上拌匀，中间扒一坑塘，冲入一定量的沸水，将中间约1/3的米粉搅拌成厚浆，与其余的米粉拌和，反复揉擦成雪花状后再加凉水揉成光滑的粉团。

（2）煮芡法：将按一定比例配好的米粉放于案板上拌匀，取其中约1/3米粉加入凉水揉成饼状，放入沸水锅中煮至浮出水面，再用小火煮5分钟，然后与剩余的米粉一起揉拌成光滑的粉团。

调制要点：

首先泡心法中冲入的沸水量要恰当，若沸水过少，调制的米粉团黏性低、松散，表面裂口。若沸水过多，调制的粉团黏性过高。黏手不便操作。其次煮芡法中，熟芡的制作是关键，调制饼时如水过多，下锅后会散；饼必须沸水下锅，浮起后需用小火煮5分钟。

米粉团主要用于鲜肉团、粢毛团、船点、艺术糕团等制作。

例16 鲜肉团

配方：糯米粉200克，粳米粉800克，沸水400克，水100克，

面点原料

鲜肉馅650克。

制法：

（1）将细糯、粳米粉置于案板上，中间扒一坑塘，加入沸水，抄拌成雪花状，加入清水揉制成米粉团。

（2）将米粉团摘成剂子40只，按扁后包入馅心，捏拢收口，整齐排放在蒸笼内。

（3）上蒸锅旺火蒸约15分钟，取出装盘。

特点：色白软糯，馅心咸鲜多卤。

2）熟粉团的调制方法及运用。

熟粉团是指将按制品要求配制的粉经过拌粉、掺水、静置、夹粉蒸熟后揉按成团，再搓条、下剂、包馅、成形的粉团。熟粉团的调制方法为熟白粉拌制，其制品程序与黏质糕粉团相同。其制品特点是软糯，有黏性。

配料：糯米粉，粳米粉，清水等。

工艺流程：

配粉→拌粉→掺水→静置→夹粉→蒸制→揉按→熟粉团。

调制方法：将配好的粉料拌匀，加清水拌成糕粉，静置一段时间后，将糕粉筛入蒸桶中蒸制，成熟后揉揿成团。

熟粉团主要用于双馅团、擂沙团子等的制作。

3. 发酵米粉团的调制方法及运用

发酵类粉团是籼米粉、面肥、水、白糖等调制，经过保温发酵而制成的面团。在广式点心中较为常见。此类面团也具有发酵面团的特征，内有细密孔洞、膨大松软、有酒香味。制作成品需要兑碱。

调制方法是用籼米粉浆的十分之一加水调成稀糊蒸熟，晾凉后加入其余部分的籼米粉粉浆拌匀，再加入面肥、水调搅均匀，放于温暖处发酵。冬天发酵时间为10~12小时，夏天则为6~8小时，发酵后再加入白糖溶化，放入发酵粉和碱水拌匀对正，即可制作发酵类粉团制品。常见的用此种面团制作的品种有棉花糕、黄松糕等。

项目二 面 团

例 17　棉花糕

配方：籼米粉 200 克，白糖 250 克，泡打粉 60 克，老肥 50 克，碱液少许。

制法：

（1）用籼米粉 25 克，加水 100 克，稀释，上火煮成熟粉糊，晾凉之后备用。

（2）其余籼米粉用熟米粉湖擦匀，再加入老肥擦透，置暖处发酵 10～12 小时。

（3）将白糖加入发酵好的籼米粉内搅至白糖溶化，再加入少许碱液和泡打粉搅匀，把籼米粉团加入到酒盅内。

（4）装入笼内，旺火足气蒸 10 分钟，取出装盘。

特点：顶部开花、形若棉桃、松软香滑、米香浓郁。

任务 2－7　其他面团

其他面团是指以除了面粉和米粉以外的其他原料为主料所调制的面团的总称。其他原料是指澄粉、杂粮、豆类、蔬菜类、果品类、鱼虾茸等。

一、澄粉面团的调制技术及运用

将面粉经过加工提取出的淀粉叫澄粉。用沸水将澄粉烫熟以后揉制而成的面团叫澄粉面团。它在广式点心中用的较多，制品呈半透明状、色泽洁白、细腻柔软、口感嫩滑，适宜制作各种精细面点。

配料：澄粉、盐、沸水、色拉油等。

工艺流程：澄粉＋盐＋沸水→搅拌均匀→焖制→生粉＋色拉油→揉制成团。

调制方法：将澄粉放入不锈钢盆中，水中加入盐烧沸后冲入澄粉中迅速搅拌均匀，加盖焖 5 分钟，然后倒入刷有色拉油的案板上，加入生粉揉成光滑均匀的面团。

调制要点：

（1）必须用沸水烫制才能产生透明感。

面点原料

(2) 烫制后需要焖制 5 分钟，使粉受热均匀。

(3) 澄粉与沸水的质量比约为 1∶1.4（或 1.7）

(4) 调粉时要加盐、色拉油。

(5) 调好的面团要用干净的湿布盖饧，防止面团干硬开裂。

澄粉面团在广式点心中用的较多，如制作虾饺、娥姐粉果等，现在也用于制作船点。另外，根茎类、果品类面团的调制，也常需加入澄粉面团。

例 18　虾饺：

配方如下。

(1) 皮料：澄粉 700 克，生粉 300 克，精盐 10 克，熟猪油 30 克，水 1400 克。

(2) 陷料：鲜虾仁 800 克，肥肉 200 克，嫩笋 300 克，猪油 150 克，盐 10 克，白糖 5 克，味精 10 克，生粉 15 克，麻油 10 克，胡椒粉 5 克，鲜虾肉 200 克。

工艺流程如下。

```
                    制馅
                      ↓
烫面→搓条→下剂→制皮→上馅→成形→熟制
```

制作过程：

(1) 将清水放入不锈钢锅中煮沸，加入精盐，把锅离火，将澄面、生粉倒进锅中搅拌均匀，加盖焖 5 分钟，然后将熟澄面倒在案板上，加入熟猪油，揉匀，揉透即成，用湿毛巾盖好备用。

(2) 虾仁洗净用洁净毛巾沾干水分，肥肉切成黄豆丁大小倒入开水中烫熟捞出，嫩笋切丝倒入开水中烫软捞出，用纱布包起沾干水分备用。

(3) 虾仁放在案板上用刀背剁成茸装入碗内，加盐顺一个方向搅拌至起胶，再加入肥肉丁、熟虾仁、笋丝、猪油及其余调味料拌匀即成虾饺馅。

(4) 将皮料揉匀搓成长条，切成约 6 克重的面剂，将剂子截面

项目二 面团

向上稍按扁然后用力横压成直径约6.5厘米一边稍厚一边略薄的圆形皮子。

(5) 左手拿皮子,右手抹入重约10克左右的馅心,皮子薄边向外,左手指推,右手捏成外边有均匀长褶的梳背形饺子生坯。

(6) 将生坯码入铺有纸垫的屉中,沸水旺火蒸5分钟即熟。

风味特点:外形美观、晶莹透明、馅心爽脆、口味鲜香。

技术要点:

(1) 馅心原料要鲜,虾饺要搅上劲。

(2) 烫澄面时,水沸后要减低火力,搅拌均匀,不可有生粉粒。

(3) 虾仁一定要吸干水分,制馅所有用具注意不要与葱、姜、酒等原料接触,特别注意菜板(最好用塑料菜板)洁净无水渍。

(4) 馅心制好后,放入冰箱中冷藏至稍凝结以便操作,上馅时皮料的边沿不要黏上馅汁,以防蒸时裂口。

(5) 包制时褶要匀,封口要严。

(6) 蒸制时不可过火,否则会出现爆裂、露馅等问题,影响成品质量。

二、杂粮面团的调制技术及运用

杂粮面团是将杂粮(如玉米、高粱、荞麦、莜麦、小米等)加工成粉,采用适当的调制方法调制而成的面团。

有的面团直接用杂粮粉加水调制而成,有的需用杂粮与面粉。杂粮面团所用的原料除富含淀粉和蛋白质外,还含有丰富的维生素、矿物质及一些微量元素,因此豆粉或米粉等掺和再调制成面团。这类面团的营养素含量比面粉、米粉面团的含量更为丰富。而且根据营养互补的原则,这类面团的营养价值也可大大提高。

在餐饮市场中,最常见用分类杂粮面团制作的制品是玉米粉制品,此类制品大都细腻甜香,有嚼劲,能给食客带来难忘的口味和口感体验。下面以北方地区常见的小窝头为例来了解谷类杂粮面团的调制技术及其对制品效果的影响。

面点原料

例19 小窝头

配方：细玉米面400克，黄豆面100克，白糖150克，糖桂花10克，水150克。

工艺流程：和面→成形→熟制。

制作过程如下。

（1）和面：将玉米面、黄豆面、白糖、糖桂花一起放入盆中，逐次加入温水共150克，慢慢揉和，使面团柔韧有劲。

（2）成形：揉匀后搓成直径约2厘米粗的条，再揪成100个小面剂。在捏窝头前，右手先蘸一点凉水，擦在左手心上，然后取一个面剂放在左手心里，用右手指揉捏几下，再用双手搓成圆球形状仍放在左手心里。右手指蘸点凉水，在圆球中间钻一个小洞，边钻边转动手指，左手拇指根及中指同时协同捏拢。团厚度只有0.4厘米且内壁和表面均光滑时为止。

（3）熟制：将成形后的小窝头生坯上笼旺火蒸10分钟即熟。

风味特色：形状如塔上尖下圆、色泽鲜黄、小巧别致、慢慢咀嚼像吃栗子，细腻香甜。

技术要点：①用料比例必须准确。②调制面团的温度要适当。③要用新鲜的杂粮粉制作才能保证成品松软味香。

通过小窝头的制作我们了解到谷类杂粮面团一般的调制技术，所使用的原料主要包括小米、玉米、高粱、荞麦等。这类面团有的直接用水（一般用温水或热水）调制，有的在调制时要掺入面粉等原料。这类面点风味独特，乡土气息浓郁。从调团技术上来说，和小窝头的面团大同小异，只是在掺粉的种类和比例上有所调整。

三、豆类面团的调制技术及运用

豆类面团就是将各种豆加工成粉或泥，经过调制而形成的面团。

特点：具有豆香浓郁，色彩自然。

调制时应根据原料的特点和成品的要求，灵活掌握掺入其他粉的数量，控制面团的软硬度和黏度，突出豆类自身的特殊风味。

常见的品种有"豌豆黄""南国红豆糕""绿豆糕""芸豆饼"

项目二 面 团

"扁豆糕""豇豆糕"等。

例 20　豌豆黄

配方：白豌豆 500 克，白糖 350 克，碱面 1 克，水 1500 克。

工艺流程：选料→制豆泥→熬豆泥→成形。

制作过程：

（1）将豌豆磨碎，去皮，洗净。铜锅内倒入凉水 1500 克，用旺火烧开，下入碱面。烧沸后改用小火煮 2 小时。当豌豆煮成稀粥状时，加入白糖搅匀，将锅端下，取瓷盆一只，上面翻扣一个马尾罗，逐次将煮烂的豌豆和汤舀在罗上，用个板刮擦，通过罗形成细丝，落到瓷盆中成豆泥。

（2）熬豆泥：把豆泥倒入铜锅里，在旺火上用板不断地搅炒，勿使糊锅。可随时用木板捞起试验，如豆泥往下流得很慢，流下的豆泥开成一堆，并逐渐与锅中的豆泥融合时即可起锅。

（3）成形：将炒好的豆泥倒入白铁模子（约 32 厘米长、17 厘米宽、23 厘米高）内摊平，用净纸盖在上面晾 5~6 小时，再放入冰箱内凝结后即成豌豆黄。食用时揭去纸，将豌豆黄切成小方块，摆入盘中。

风味特点：颜色浅黄、细腻纯净、香甜凉爽、入口即化。

技术要点：①豆子要进行挑拣。因豆子在储藏期间，易被蛀虫侵蚀，吸水霉变，在调制时必须去除，否则会影响成品质量，也不符合卫生要求。②皮要去净。皮不去净，会直接影响成品口感降低质量。③泥蓉擦至细腻，除特殊品种要求外，一般豆类制品均要求豆类成泥蓉状态，不夹豆粒。

四、蔬菜类面团的调制方法及运用

蔬菜类原料主要是指蔬菜中的根类、茎类和果类蔬菜，如土豆、山药、山芋、芋头、荸荠、南瓜等。将此原料加工形成泥蓉或磨成浆或制成粉，再经过调制即可形成面团。其成品往往带有特殊的香味。

面点原料

常见的品种有"象生雪梨""马蹄糕""土豆丝饼""南瓜饼""麻香枣""薯茸饼""萝卜丝饼"等。

例21 桂林马蹄糕

配方：一级马蹄粉250克，白糖500克，马蹄100克，水1375克，生油5克。

制法：

（1）将马蹄肉切成小粒。把马蹄粉倒入不锈钢盆中，加清水500毫升搅拌至溶化，用细筛过滤成为稀粉浆。

（2）将剩余的清水倒入锅中，加入白糖煮沸化开。过滤成糖水。待糖水略凉与稀粉浆混合，分作甲、乙两盆糖粉浆。

（3）将装有糖粉浆的甲盆放于沸水中不停搅拌至烫成"挂糊"时离火，然后将乙盆糖粉倒入甲盆中拌匀成半熟糊浆，再加入马蹄肉。

（4）将半熟糊浆倒入涂有生油的方盘内，用中火蒸约20分钟即成，出笼冷却后改刀装盘。

风味特点：清香可口、软韧夹爽。

五、果品类面团的调制方法及运用

果品原料主要是指水果、干果仁和糖制果制品，如莲子、柿饼、栗子等。

这些原料经过加工成泥与面粉、糯米粉等调制而成的面团叫果品类面团。

制品特点：具有天然香味，入口软糯黏滑。

常见品种有"莲蓉卷""栗蓉糕""黄桂柿子饼""山楂奶皮卷"等。

例22 黄桂柿子饼

配方：面粉500克，柿子500克，熟面65克，绵白糖125克。黄桂酱7.5克，核桃仁7.5克，玫瑰酱7.5克，青红丝5克，猪板

项目二 面团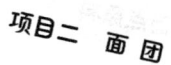

油 38 克。

制法：

（1）将猪板油去膜，切成 5 毫米见方的丁，把青红丝、核桃仁切碎。用 65 克熟面与黄桂酱、玫瑰酱拌匀，加入板油丁、白糖、青红丝末、核桃末等揉搓成馅。

（2）将面粉 250 克放在案板上，扒一坑塘，柿子去蒂、皮，放入坑塘，剁成糊，揉成团；再加入 250 克面粉揉成较硬的面团。

（3）将柿子面团摘成 50 克重的剂子，按扁包入糖馅 15 克，收口形成球状，放入装有 50 克菜子油的鳌中烙烤，待底面变黄时压成扁圆形，翻身，烙约 15 分钟，待两面火色均匀时即成熟。

特点：色泽焦黄、气味芳香、柔软甘甜。

六、鱼虾茸面团的调制方法及运用

鱼虾茸面团主要是指净鱼肉、虾肉馅加工成茸，再与澄粉等调制而成的面团。制品特点：爽滑，口味鲜美。

常见品种有鱼皮鸡粒角、百花虾皮甫、汤泡虾茸角、冬笋明虾盒等。

例 23　汤泡虾茸角

配方：鲜虾肉 50 克，精盐 2 克，一级生粉 45 克，鸡蛋清 2 克，粟粉 5 克，馄饨馅 800 克，上汤 1500 克，鲜菇 150 克，韭黄 50 克。

制法：

（1）鲜虾肉洗净后用白毛巾吸干水分，剁成茸状，加入精盐 1 克打至生成胶黏性，加入鸡蛋清 2 克。再加入过筛的生粉、粟粉揉成虾茸面团，静置 5 分钟。

（2）将虾茸面团搓条切成 125 克/只的小粒，约 80 粒，撒上生粉。将小粒擀成直径 5～6 厘米的圆形薄皮，有序地排在盘中白纸上，盖上白布备用。

（3）韭黄洗净切段，鲜菇用加了盐的沸水烫 1～2 分钟后捞起晾去水分，各分成 20 份，鸡蛋清调开后备用。

面点原料

（4）馄饨馅分成80份，每块虾茸皮包上一份馄饨馅，皮边涂上蛋清，将虾茸皮对称捏成角形。

（5）每只碗内放上鲜菇、韭黄各一份。虾茸角入沸水锅煮熟，每4只放于一小碗中，舀入煮沸的上汤，即成汤泡虾茸角。

风味特点：透明光亮、汤清味鲜、口感爽滑。

复习思考题

一、名词解释

（1）面团；　　　　（2）水调面团；　　　（3）冷水面团；
（4）温水面团；　　（5）热水面团；　　　（6）膨松面团；
（7）酵母膨松面团；（8）物理膨松面团；　（9）油酥面团；
（10）水油酥；　　　（11）干油酥；　　　　（12）化学膨松面团；
（13）米粉面团。

二、问答题

（1）面团可分哪几种？
（2）调制面团的作用是什么？面点的口味是怎样形成的？
（3）蛋白质的热变性质是什么？
（4）淀粉的理化性质是什么？
（5）蛋白质的热变性怎样随水温变化？
（6）淀粉的膨胀、糊化怎样随水温变化
（7）冷水面团的形成原理是什么？
（8）温水面团的形成原理是什么？
（9）热水面团的形成原理是什么？
（10）冷水面团、温水面团和热水面团在调制时应注意问题？
（11）影响发酵的因素有哪些？
（12）写出酵种发酵面团的调制方法、特点及用途。
（13）化学膨松面团在调制时应掌握那些要点？
（14）水油酥干油酥在调制时应掌握那些要点？

项目三 馅 心

馅心又称馅子,是指将各种制馅原料,经过精细加工、处理、调制、拌和而包入面点坯皮内的"心子"。

制作馅心是面点制作的重要技术之一,要制出口味鲜美的馅心,不仅要有熟练的刀工及烹调技术,还要熟悉各种原料的性质、用途,以及原料的加工和处理方法,善于结合坯皮的成形及熟制上的特点,采用不同的技术措施,才能取得良好的效果。

任务3-1 馅心的种类及制作要求

一、馅心的重要性

馅心与面点的色、味、香、形都有着直接的关系。

1. 体现面点的口味

馅心虽与面点的坯皮有很大关系,但主要还是由馅心来体现的。真正讲到面点好吃不好吃,人们都以馅心作为衡量的重要标准。所以,日常形容包馅面点的口味,都用"鲜、香、油、嫩"等形容,馅心的优劣,在包馅面点口味上起了决定性的作用。

从另一方面讲,包有馅心的面点,馅心的数量对整个面点来说,又都占有较大的比例,通常是皮坯占50%,馅心占50%,有的重馅品种,如烧卖、馅饼、春卷等,馅心多于皮坯,更有馅心占整个面点质量的60%~80%。从馅心用量上看,它也对面点的口味有着决定性的影响。

2. 影响面点的形态

馅心与面点的形态有着很密切的联系,有些面点的形态由于有了馅心的装饰,形成了自身独特的形状。在很多花式品种中,常常利用馅心来进行装饰,如四喜烧卖、花式蒸饺等;在生坯制成以后,

面点原料

再用各种不同颜色的馅心进行点缀（如海参、蛋白或蛋黄糕末、火腿末、青椒末等，形态就变得非常美观；制作八宝饭等），用不同的馅料，在面点表面作成不同的图案，使整个制品更具观赏性。

馅心原料的形状对制品也有很大的影响，一般馅心原料形状要求细小、均匀一致，最好制成蓉状、细粒状等，避免用大块原料使制品破裂而影响面点的造型。由此可见，馅心对制品的形态有一定的影响。制作馅心必须根据面点成形特点作不同的处理，如油酥制品的馅心，由于制品成熟时间较短，一般情况下要用熟馅，以防内外生熟不一或影响形态。同时，坯皮性质柔软，馅料如不适应也很难包捏成形。

3. 形成面点的特色

各种包馅面点的特色，虽与所用坯料、成形加工和熟制方法等有关，但所用馅心往往也起着决定性作用，如汤包的特色是吃时先吸一口汤，水饺、蒸饺的特色是皮薄、馅足卤汁多。例如，肉馅多掺鲜美皮冻，卤多味美，形成苏式面点的特色；肉馅多用水打馅，非常松嫩，形成京式面点的独特风味。这些特色的形成，多数取决于馅心。

4. 丰富面点的花色品种

面点的花色品种主要由用料、制法、成形等不同而形成，由于馅心用料广泛，调味方法多种，加工方法多样，馅心的花色丰富多彩，丰富了面点的品种。例如，水饺可因馅心不同分为清素馅水饺、猪肉水饺、鱼肉水饺、水晶水饺、三鲜水饺等；包子可因馅心不同分为三鲜包、咸菜包、鲜菜包、奶黄包、莲蓉包、鲜肉包、豆芽包、菜肉包等；根据原料不同，分为荤馅、素馅、荤素混合馅等馅心；根据调味不同分为咸、甜、甜咸等不同口味；根据加工方法不同又有肉丝、肉片、肉丁、肉末之分，形成不同形状的馅心来丰富面点品种。

综上所述，馅心跟面点的品质、成形、特色和花色品种各方面都有密切的关系。因此，制馅是面点制作中起着重要作用的一个生产环节。

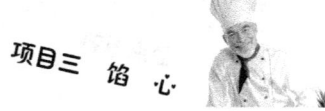

二、馅心的种类

馅心种类很多，花色不一，一般都是以口味不同分类，主要分为咸、甜两大类，此外还有一种又甜又咸的椒盐馅。

按原料分类，可分为荤馅、素馅、荤素混合馅。

按制作方法上可分为生馅、熟馅两大类。

馅心
- 三鲜馅
  - 净三鲜
  - 肉三鲜
  - 鸡三鲜
  - 半三鲜
- 素馅
  - 清素馅
  - 荤素馅
  - 全素馅
  - 素三鲜
  - 素什锦
- 荤馅
  - 生肉馅
  - 熟肉馅
- 荤素混合馅
  - 荤重素轻
  - 半荤半素
  - 素重荤轻
  （各有生、熟两种）
- 甜馅
  - 泥茸馅
  - 果仁蜜饯馅
  - 糖馅
- 椒盐馅

1. 素馅

素馅是只用蔬菜，不用荤腥原料所制成的一种咸味馅。

（1）清素馅：馅料中只加素油，不放任何荤腥原料。

（2）荤素馅：馅料中要放荤油，可加海米等原料。

（3）全素馅：以蔬菜、海米及炒熟的鸡蛋为主料调制而成的馅心。

（4）素三鲜：是以黄花菜、笋尖、冬菇等为主料调制而成的馅心。

面点原料

(5) 素什锦：是以豆芽菜、黄花菜、冬菇、木耳、油条面筋、香干、粉皮、兰片、香菜等多种原料为主料调制而成的馅心。

2．荤馅

荤馅是以禽、畜、水产品等荤性原料为主料制成的一种咸味馅。

3．荤素混合馅

荤素混合馅是荤素搭配制成的一种咸口味馅。

4．三鲜馅

(1) 净三鲜：以三种海味原料为主，配以不同季节的新鲜蔬菜制成的一种咸味馅。

(2) 肉三鲜：以两种海味原料，配以一种肉类及新鲜蔬菜制成的一种咸味馅。

(3) 鸡三鲜：是以鸡肉，海参、虾仁、为主料，配以韭菜（韭黄）、白菜等制成的一种咸味馅。

(4) 半三鲜：以猪肉、韭菜、鸡蛋、海味等原料调制而成的一种咸味馅。

5．甜馅

甜馅是以糖为基本原料，配以多种植物性的种子、果实、蜜饯、油脂、粉料等调制而成的甜味馅。

(1) 糖馅：是以绵白糖、白砂糖为主料，与其他配料拌和而成的一种甜味馅。

(2) 泥茸馅：是以植物果实或种子等为主要原料，加工成泥茸，再用油、糖炒制或拌制而成的一种甜味馅。

(3) 果仁、蜜饯馅：是以炒熟并压碎的果仁与切碎的蜜饯及白糖拌和而成的一种甜味馅。

6．椒盐馅

椒盐馅是在糖馅的基础上加入炒熟的咸盐和花椒面拌和而成的馅。

三、馅心的制作要求

1．馅心的水分和黏性要合适

制作馅心时，如水分大、黏性差，则影响面点制品品质，口味差，也不利于包捏；相反，水分小、黏性大，虽然利于包捏，但是

项目三 馅 心

口感不鲜嫩,也影响制品品质。因此制作馅心时,必须注意馅心的水分和黏性要合适。

咸味馅中菜馅类,如生菜馅,多选用新鲜蔬菜制作,水分含量是很高的,一般在90％以上(表3-1)。

表3-1 蔬菜含水量

名称	大白菜	大头菜	油菜	菠菜	胡萝卜	黄瓜
水分	94％	93％	92％	93％	89％	96％

生菜馅料水分大,黏性差,若要求水分黏性合适,就必须减少水分,增加黏性,这是调制生菜馅的两大关键。减少水分,采取的办法如蔬菜切碎后挤水、压水;有的加干料吸水等增加黏性,或采取添加油脂、酱类及鸡蛋等。熟菜馅馅料多用干制菜,水分少,黏性更差。增加水分及黏性则成为调制馅心关键,热水泡制干菜增加水分;黏性则需勾芡,用来增加馅心卤汁浓度和黏性。

生肉馅馅料则与生菜馅馅料情况相反,肉类油脂重、水分少,黏性过足。所以制作生肉馅则需增加水分,减少黏性。办法是"打水"或"掺冻"并掺入调味品,使馅心水分、黏性保持适当,包入坯皮中后,经熟制,达到汁多鲜嫩。熟肉馅由于熟制,馅心湿散,黏性也差,要加湿淀粉勾芡,吸收溢出水分,增加馅心黏性,则可保持脆嫩,鲜美入味。

甜味馅也是如此,保持适当水分,采用泡、蒸、煮,还有加入熟油调节馅心干湿度,炒至成熟使糖、油融化,增加黏性,与其他辅料凝成一体;拌制的馅心,靠成熟时温度使油糖融化增加黏性。

综上所述,制作馅心必须保持水分和黏性适当。

2. 馅料细碎

馅料细碎,这是制作馅心的共同要求。馅料易小不宜大,易碎不易整,因馅心是包入坯皮中的,坯皮是米面皮,性质非常柔软,如果馅料大或整,就难包捏、难成形,所以要求馅料细碎,加工成小丁、小块、粒、茸、泥等。具体规格要按照面点馅心要求决定。

3. 馅心的口味稍淡

馅心口味稍淡,一般是指咸味馅而言。馅心口味应与菜肴一样,

面点原料

咸淡合适。但是由于面点多是空口食用,再加上经过熟制。要失去一些水分,使咸味增加。所以馅心调味应该比一般菜肴稍淡(轻馅皮厚的除外)。

4. 根据面点的成形特点制作馅心

面点成形后的形态多种多样,能否保持形态,成熟后"不走样","不塌腔",与馅心制作很有大关系。因此,要根据面点成形特点,对馅心做不同处理。例如,花色品种的馅心,一般应稍干一些、稍硬一些,使制品成熟后,能撑住皮坯保持形态不变;皮薄或油酥制品馅心,一般情况下要用熟馅,以防影响形态。

任务 3—2 咸馅的制法

在馅心制作中,咸馅用料广、种类多,也是使用最普遍最广泛的。咸馅根据原料的使用和制作,一般分为素馅和荤馅两大类。素馅俗称"菜馅",是以新鲜蔬菜为主料制成的一种咸味馅;荤馅是以禽、畜、水产品等荤性原料为主制成的一种咸味馅;荤素混合馅是荤素搭配制成的一种咸味馅。这三类馅心根据制作时加热与否都可有生馅、熟馅之分,其特色也不尽相同。

一、生咸馅的制法

(一)生馅的选料

1. 素馅原料

素馅原料多选用新鲜蔬菜。蔬菜的新鲜度可以从其含水量、形态、色泽等方面来检验。其含水量应保持原有正常水分,表面有润泽的光亮,切断面有丰富的水汁流出,形态饱满,光滑、无伤痕,有的颜色,鲜艳而有光泽。

例如:韭菜、白菜、大头菜、芹菜、西葫芦、大葱、萝卜等。

(1)韭菜:一般我们选用茎部粗 3~5 毫米,叶宽 5~8 毫米,叶挺拔且带着露水,叶尖断面处有汁水流

项目三 馅 心

出,色泽浅绿,剁馅后,屋里充满了韭菜的清香,这样的韭菜最鲜嫩。

(2)白菜:一般选用略呈球形,白口小棵菜,重1.5千克左右,淡绿色,以农家肥生长的含水量适中的为佳,口味甜脆,富有白菜的清香。

(3)甘蓝:又名大头菜。一般选用球形,淡绿色,实心菜,重0.5~1.5千克(可用擦板擦馅),以农家肥生长的含水量适中的为佳,口味甜脆,富有大头菜的清香。

(4)芹菜:一般选用旱芹,其菜香味浓郁,色泽浅绿,脆嫩,折断后有汁液溢出;深绿色,纤维多,不宜选用。

甘蓝

芹菜

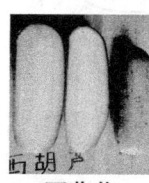
西葫芦

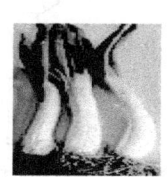
大葱

(5)西葫芦:一般选用长12厘米左右,粗直径5厘米,瓢子还没形成的小嫩瓜,处理好了一斤能出6~7两馅,富有西葫芦固有的清香味。

(6)大葱:最好选用东北鸡腿葱,其辛辣味浓厚,挥发性物质含量高,加热时葱的芳香味浓郁。

萝卜

(7)萝卜:一般选用大红萝卜,要求含水量大、表皮光滑、无虫害、甜脆、不糠。

2. 荤馅原料

荤馅原料用料广泛,但一般多以畜肉为主(其中以猪肉为主),其他如禽类和水产类常与之配合,形成多种多样的馅。

例如:生肉馅

(1)猪肉馅:一般最好先用"前夹心肉"就是猪前腿上段部位的肉(如图4的部位),这块肉,有肥有瘦、瘦里夹

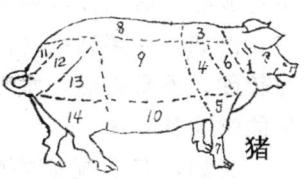
猪

141

面点原料

肥、整块肉少,肉质细嫩、筋短且少,其肥瘦肉的比例是肥肉占40%,瘦肉占60%,遇水搅拌涨发性强,制成馅心,鲜嫩适口。

(2) 牛肉馅:一般选用牛的颈肉、上脑、脊背、肋条四部分,因其肉丝短、肉质嫩、筋少,吃水量多。

(3) 羊肉馅:一般选用羊的颈肉、脊背、肋条、胸脯部位。这些部位肉质嫩、肥瘦均匀。

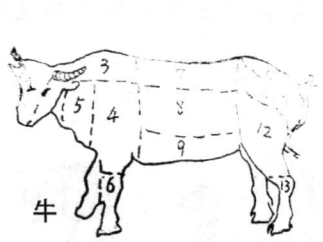
牛

羊

(4) 家禽馅:一般选用胸脯肉,其肉质细嫩,吃水量多。鸡肉是调制三鲜馅原料之一,宜选用一年左右的母鸡脯肉,其肉质洁白肥嫩。鸡蛋亦可作为馅心的原料。

(5) 鱼肉馅:应选用鱼中肉质较厚、出肉率高的鱼,如大白鱼、黑鱼、鲟鱼、鲅鱼等,要求新鲜。

(6) 虾仁肉:凡是明虾、青虾、草虾等的肉仁均可使用,最好选用对虾,要求新鲜。

(二) 水焯

水焯是初步熟处理的一种技法,即开水烫一下。

水焯的作用:

(1) 去掉原料中影响质量的异味。蔬菜中如萝卜、芹菜、菠菜、土豆等,均带有一些异味,需要在沸水中焯一下,解除异味。

(2) 改善原料的性能。青椒、豆角、芹菜等原料质脆、较硬、不易成熟,需用开水焯一下,以改善原料的性能。

例如,芹菜制馅时的前期处理:一般要先打一下水焯,芹菜质脆较硬,不易成熟,水焯能改善其性能;芹菜有一定的苦涩味,水焯能解除其异味。

又如,萝卜制馅的前期处理:萝卜需打水焯,它含有辛辣味,

项目三 馅 心

其主要成分是黑介质酸钾,水焯后挥发,同时萝卜中的淀粉加热后转化成糖类。

处理方法:在细擦板上,擦成丝;用开水一过,5斤沸水1斤原料,再过凉。

(三)切成的小料要符合要求

据品种而定,大包类要求馅粗,能体现原料的本味,保存较多的水分,如山东包子;小包类要求馅细,能保证制品的形态,便于包捏,如天津包。

由于原料不同,切小料的方法,大体可分为四种,第一种用刀剁的方法,如切白菜,先切成小块摊开,再有次序地剁细、剁匀。同时还要边翻边剁,防止不匀现象。第二种用刀方法,如切韭菜,这种菜细长,不宜刀剁。只要把它捋直、切成末即可。又如大葱,也不易剁,要先剖开,切成丝,再切成丁。第三种是先切后剁的方法,如切豆角,要先切碎,再适当剁一剁,剁成粒。第四种为擦的方法,如萝卜和各种瓜果,要用刨子、擦板等工具刨成丝或擦成泥用。因此,要根据不同原料的不同要求,采用不同的加工方法。

(四)减少水分

新鲜蔬菜的水分大,特别是加工后,大量水分溢出,不利于制品的包捏成形。制馅时,一定要把多余的水分挤掉。怎样减少蔬菜中的水分,同时还能体现原料的本味呢?一般可采用适当挤压法或机械离心甩干法,不能用盐腌渍法。由于盐有渗透作用,可造成菜中的结合水外溢,用正常的排水方法,排出的水分一般都是游离水,结合水是不会失去的,因而原料的质感不会改变,从而保证了原料的脆感。

(五)增加菜馅的黏性及吸水性

仅用蔬菜制馅,经过挤干处理,水分仍然较多,黏性很差,馅心很散,不利包捏,需适当增加其黏性。增加黏性及吸水性的方法是,除掺入干料外,主要是加入具有黏性的调味品和一些具有黏性的配料,通常用的有动、植物性油脂、甜面酱、黄酱、鸡蛋等。添加配料不但可增加黏性和吸水性,也可改善口味。

面点原料

（六）生馅的调制

1. 素馅

全素馅中的花素馅，一般称之为素三鲜，即韭菜、海米、炒熟的鸡蛋。

例24　素三鲜

配方：韭菜600克，鸡蛋400克，海米50克，味素5克，鸡粉5克，香油10克，豆油100克，精盐5克。

工艺流程：摘洗→剁馅→拌制成馅。
　　　　　炒蛋→调味。

由于调味品种类很多，使用时要根据其性质不同，依顺序加入，如先加油后加盐，可减少蔬菜中水分外溢；味素、芝麻油等鲜香味调料应最后加入，可避免鲜香味的挥发损失。拌好的馅心不宜放置时间过长，最好是随调随用。

调馅：首先将择洗干净的韭菜剁成末，再将所有的调味品加入炒熟晾凉的蛋花中，包馅时，蛋花与韭菜末按比例随用随拌。通常拌制好的馅，包制时间不超过十分钟为宜。

2. 荤馅

荤馅是以禽、畜、水产品等荤性原料为主制成的咸味馅。

1）猪肉馅

例如：水饺的生猪肉馅。

生猪肉馅一般选用前夹心肉，采用剁和剀的方法，加工成丁、粒状，如高粱米粒大小。肥肉要使其粒稍大于瘦肉，因其遇热融化。馅心是否鲜美、咸淡适口，与正确掌握调料的用量及上水有直接关系。鲜肉馅上水是解决黏性过足、油脂过重、提高嫩度的一种方法。吃水量的多少应根据肉的肥瘦、季节和各种馅心的需要而定。一般情况下，500克肉馅吃水量200克左右。

例25　生猪肉水饺馅

配方：猪肉500克，盐2～3克，酱油10克，香油10克，胡椒

项目三 馅 心

粉3克，白糖2克，葱花50g克，熟豆油25~50克，鲜贝露10克，蚝油10克，料酒10克，姜末10克，花椒面3克，鸡粉5克，水（或高汤）175~200克。

工艺流程：选料→加工→调味→拌和→成馅。

制馅：猪肉剁成碎粒放入盆中，加调味品，各种调味品的投入要有先后次序，一般应先加酱油、盐、姜末、料酒、蚝油、鲜贝露、花椒面、胡椒粉、鸡粉、白糖、香油等。调匀让馅心入味，5分钟后加水、味素，水不要一次性加足，要分两到三次加入，否则由于肉馅一次"吃"不进这么多水，而出现瘦肉、肥肉和水分离的现象。第一次应加70%的水，并顺着一个方向用力搅拌，否则馅心易泄、吐水（因为当肉馅加盐搅拌上劲后，再加水顺着一个方向搅拌，在搅拌力的作用下，能逐渐使肉中蛋白质颗粒做向心运动，极性基团尽可能地外露，吸引大量的极性水分子，从而使水化作用增强，蛋白质在较短的时间里形成稳定而厚实的水化层。如果无规则地搅拌肉馅，常使附在蛋白质表层的极性分子改变其原来的位置，排列混乱，吸附力降低，从而出现水析出，即"吐水"的现象）。搅拌由慢到快，搅到肉质起黏性为好。每次上水间隔15分钟，15分钟后上第二次水，加水量为20%，隔15分钟后再上第三次10%水，水上好后间隔10分钟加熟豆油，加葱花（由于盐具有的渗透压力作用，葱花遇到盐就会益出水分，这样馅里的葱花不但不会产生葱香味，还会产生浑气味，这种气味是人们不喜欢的；如果加油时候加葱花，将油浇在葱花上，葱花表面就会形一层油膜，盐很难穿透这层油膜，使葱花益出水分。这样才能更好地发挥葱在馅心中的作用）。馅心上好后，置冰箱两小时后再使用为佳（上好水后生肉馅置冰箱的目的：一是便于包捏、二是更加入味）。

馅心的质量要求是：鲜咸而香、柔软松嫩。

2）牛肉馅

牛肉有腥膻味，一般需加胡椒粉、料酒、花椒面，来解除其腥膻味。

膻味的主要成分是低级饱和脂肪酸，如辛酸介质素能分解辛酸从

面点原料

而解除膻味。介质素主要存在于介末中,而胡椒中也含有介质素,因此胡椒粉能解除膻味。牛脂常温下呈固态,其熔点为40~50℃,不易被人体消化吸收;又因为牛肉的组织结构,主要是肌肉组织,脂肪含量少,制出的馅心不够松嫩;因而,回民馅一般加入较多的熟豆油,而汉民馅可加入30%~40%的猪肥膘肉,这样能够改善馅心的松嫩度。牛肉馅酱油重、花椒重、料酒重,吃水量大。牛肉馅一般用芹菜、萝卜、圆葱,而不宜用韭菜。因为牛肉的膻气与韭菜的辣味相混,易生恶味,而且不易消化。

例26 汉民牛肉水饺馅

配方:牛肉馅350克,肥猪肉馅150克,蚝油10克,盐2~3克,酱油25克,胡椒粉5克,鲜贝露10克,葱花50克,水250~350克,熟豆油25~50克,花椒面5克,白糖2克,料酒25克,香油10克,牛肉精5克,姜末20克。

制馅:调制方法与猪肉馅相同。

3)羊肉馅

羊肉的膻气比牛肉还大。羊肉调馅不放姜。俗话说"牛不用韭,羊不用姜。"羊肉馅所用调馅的青菜以香菜为主,可配适量萝卜、白菜、芹菜等。

例27 汉民羊肉水饺馅

配方:羊肉馅400克,肥猪肉馅100克,盐2~3克,酱油25克,胡椒粉5克,葱花50克,香油10克,鸡粉5克,水250~350克,熟豆油25~50克,白糖2克,蚝油10克,花椒面5克,料酒25克,鲜贝露10克。

4)鱼肉馅

鱼肉缺少脂肪需加入30%的猪肥膘肉。

制馅心方法有剁馅与绞馅两种。做法是先将鱼剖开,去刺后,用刀背敲鱼,敲鱼时皮朝下,目的是剔出鱼的筋络及细小的鱼刺,鱼刺粘贴在鱼皮上,刮下鱼肉即可,将其与肥肉膘一起剁成茸状。

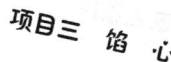

项目三　馅　心

鱼肉的腥味需用料酒、胡椒粉来解除,酱油不宜过多,以免影响口味,最好选用白酱油。制作鱼肉馅,最好是先敲后剁再打水,这样做鱼肉鲜嫩。

例28　黑鱼肉水饺馅

配方:鱼肉馅350克,肥猪肉馅150克,白酱油25克,蒜苗100克,姜末20克,白糖2克,精盐2~3克,鸡蛋清120克,水200~250克,熟豆油50克,胡椒粉5克,料酒25克,鸡粉5克,花椒5克(煮水)。

5)鸡肉馅

制馅方法:鸡脯肉也要先用刀背敲,以把筋皮敲掉,然后剁成茸,调馅方法同猪肉馅的调制方法。鸡肉馅为高档馅料,比较讲究的做法是用鸡蛋清代替水来打水吃浆。

二、熟咸味馅

熟咸馅是直接将馅料烹制成熟的一类咸味的馅心,适用于酵面、熟粉团、油酥等花式点心。特点是卤汁紧、油重味鲜、肉嫩爽口、清香不腻、柔软适口。

1.熟菜馅

熟菜馅是以干制蔬菜等原料为主料,经过加热烹制而成的馅心。其特点是清香不腻、柔软适口,一般多用于花色品种、点心和比较精细的素食。

熟菜馅与生菜馅的区别在于主要原料和制作方法不同。一是主要原料,熟菜馅是以干制和腌制菜为主料,如黄花菜、蘑菇、木耳、粉条、豆制品等,有时使用一些新鲜蔬菜,但比例较小;二是制作方法,熟菜馅要经过初步热处理,煸炒烹制。

工艺流程:选料→加工处理→调味烹制→成馅。

制馅操作要点如下。

(1)选料:选择品质好的干制菜,仔细择除有霉坏的部分,并以清水反复刷洗干净。如果不摘除霉坏部分,就可能破坏馅心口味,甚至引起食物中毒。

面点原料

(2) 加工处理：包括两部分，即泡发和刀工处理。泡发主要适用于干菜。采用热水泡发，泡制的水温和时间要根据原料的性质而决定，质干、性硬的原料应提高水温或延长时间反复泡发，有些原料也可以先切，再进行泡发，使之最大限度地恢复原状。刀工处理是将原料切成小丁或细丝，各种主、辅料切成大小一致，便于烹制入味。

(3) 调味烹制。调味烹制有两种方法。一种是通过炝锅、煸炒，将全部主、辅、调料掺和一起烹调至熟，为使卤汁均匀地粘连在馅上，用芡，使料汁的味融为一体；另一种是把辅料和调料烹制成卤汁，拌入已泡发的主料，同时要趁热搅拌，否则放凉后不易调拌均匀。

常用熟菜馅制作示例如下。

例29 雪菜冬笋馅

配方：雪里红500克，大油50克，酱油5克，冬笋150克，淀粉25克，精盐2.5克，虾子25克，味素5克，高汤100克。

制馅方法是将雪里红反复用凉水泡去咸味，再剁成碎末，冬笋切成小丁；勺内放大油烧热，煸炒笋丁，继放高汤、虾子、酱油、精盐，焖烧10分钟左右，盛出；再放油煸炒雪菜，炒透后，放入笋丁、味素，用湿淀粉勾芡，拌和均匀即成。

例30 素什锦馅

配方：青菜1000克，黄花菜150克，木耳150克，香菇150克，鸡粉15克，香油30克，白酱油30克，植物油150克，葱末100克，精盐12克，味素15克，白糖6克。

制馅方法是将青菜择洗干净，放入沸水中烫一下捞出，再用冷水浸凉捞出，斩成细末。用布袋挤干水分，放入盆内；将金针菜、冬菇用温水泡，笋尖用开水烧煮，涨发变软，挤干水分，切成细末，然后用花生油炝锅，将金针菜、冬菇、笋尖煸炒，加入酱油、糖、精盐，翻炒入味，出锅冷透后，放入青菜盆内，加上味素、芝麻油

项目三 馅 心

调拌均匀即成。

2. 熟肉馅

熟肉馅是以鲜肉（包括禽肉、水产品等）经加工处理、烹制调味，或者是熟肉料经调拌而成的馅。特点是卤汁少、油重、味鲜、爽口，适用于熟粉团、花色点心和油酥制品。

工艺流程如下。

生料 ┐
熟料 ┘ →选料→刀工处理→调味烹制→拌和→成馅

制馅方法如下。

（1）选料：生料多选用新鲜的猪、鸡、蟹肉等，熟料多选用具有独特风味的原料，如叉烧肉、烧鸭、白切鸡，再配一些干菜，如冬菇、笋尖、茭白、黄花菜为辅菜。

（2）刀工处理。熟肉馅一般要求切成丁、粒、末的形状，这样便于烹制煸炒，从而也能形成独特的风味。不管使用生料还是熟料，都要切得均匀整齐，大小一致，切熟料时不要切太碎。

（3）调味烹制。生料在烹制时要根据原料质地的老嫩、成熟的先后依次加入，否则会出现有的原料不熟、有的原料熟过的现象。熟料则需要烹制卤汁，倒入拌合即可。

（4）拌合：生馅料拌合是在烹调过程中完成，熟馅料是烹制好的卤汁与熟料在盆内拌合完成，因熟料质地松软，容易搅拌，因此拌合不可用力过猛。

例31 猪肉熟馅

配方：夹心肉1000克，干虾米100克，金针菜50克，茭白500克，干香菇25克，香油30克，姜末20克，葱末150克，盐6克，植物油100克，干笋尖50克，酱油100克，干木耳6克，料酒20克，味素15克。

制馅方法是将夹心肉和茭白切成豆大的小粒，虾米、笋尖、金针、木耳、冬菇洗净，分别泡制回软切成细末。旺火烧锅，投入葱、姜煸炒至放出香味，挑出葱、姜，下肉和茭白同炒，将熟时，投入虾米、黄酒再炒几遍，随即加入全部原料。加酱油和清水250克，

面点原料

最后加味精,待水分将干时,用淀粉勾芡即成。

例 32　鸡肉馅

配方:鸡肉300克,鲜笋100克,猪油300克,精盐3克,鲜汤100克,白糖1克,味素3克,湿淀粉20克。

制馅方法是先把鸡开膛洗净,投入汤锅煮熟捞起、冷透,剔骨取肉。切成黄豆般小丁,笋也切成小丁。锅架火上放入猪油,烧热,先煸炒鸡丁、笋丁,随即加鲜汤和调料。开后焖靠汁稍稠即放湿淀粉勾芡,冷却即成。要注意卤汁适中,太多难以包馅,太稠吃口不美。其馅南式面点用得较多。

3. 熟菜肉馅

熟菜肉馅是将肉经过烹制,再掺入加工好的蔬菜馅料拌制而成。其馅料可缩短成熟时间,保持蔬菜的碧绿色泽,质地香醇细嫩。常用熟菜肉馅有鲜菜肉馅和梅干菜肉馅两种。

例 33　鲜菜肉馅

配方:夹心肉500克,鲜汤250克,香油50克,味素30克,料酒20克,青菜2500克,植物油250克,葱末150克,酱油50克,精盐20克,白糖10克,湿淀粉50克。

制馅方法是将青菜洗净,开水焯过、取出,冷水浸泡变成碧绿,剁碎,挤干水分;猪肉切成骰子丁,锅中放熟豆油,先煸炒肉丁,随后加入盐5克、糖10克、酱油50克、味素5克、料酒和鲜汤等、一起烧开,加湿淀粉勾芡,浇上芝麻油2.5克,当锅冷却、晾凉后,把青菜馅与熟肉丁放在一起,加入剩下的各种调料拌匀即可。

任务 3—3　甜馅制法

甜馅是以糖为基础,配以多种植物油种子、果实、蜜饯、油脂等原料,调制形成的风味别致的一类应用广泛的馅心。特点是甜而不腻、香味浓郁。

项目三 馅 心

甜馅分类，按其制作特点，可分为泥茸馅、果仁蜜饯馅、糖馅；按其加工成熟，可分为生馅、熟馅。

一、泥茸馅

泥茸馅以植物的果实或种子等为原料，加工成泥茸，再用糖、油炒制而成的馅心。馅心经炒制成熟，目的是使糖、油熔化与其他辅料凝成一体，馅心特点是馅料细软，并带有不同果实的香味。

1. 豆沙馅

豆沙馅是面点中常用的馅心之一，多用于豆沙包、豆沙卷、豆沙饼、刀拉酥等品种。

例 34　豆沙馅

配方：赤豆 500 克，白糖 500 克，熟豆油 250 克，桂花酱 50 克。

工艺流程：赤豆→泡洗→煮熟→去皮去沙→油、糖炒制→成馅。

制沙方法如下。

（1）泡洗煮熟：赤豆用水洗净除去杂质，每 500 克赤豆加水 1500 克下锅煮烂，大火烧开，小火煮烂。

（2）取沙：将赤豆擦去皮过筛取沙。一种是用机器取沙，将赤豆放入取沙机，开动机器；湿豆沙沉入铛桶。再经过 1 毫米的空铜筛，入袋挤干水分为干沙块。手工取沙是将煮烂的赤豆放在铜筛中，加水搓，去皮，将豆沙沉在桶底。泌去清水，将豆沙入袋压干即成。

（3）炒制：锅内放入熟豆油加热，倒入白糖炒化、熬开，糖发稠表面起小泡时，即放入豆沙搅匀，炒至豆沙中水分基本蒸发变干、浓稠、不沾手为止。趁热倒入桂花酱拌匀即成豆沙馅。

注意事项如下。

（1）煮焖豆时，必须凉水下锅，旺火烧开，小火焖煮。如不这样，容易把豆烧僵，影响出沙。

（2）炒制豆沙宜用文火，使水分充分挥发，糖油充分吸收，色泽由红变黑，硬度和面团接近。若炉火过旺，豆沙会有焦苦味。

(3) 炒沙时，要不停地用手勺擦锅底搅炒，炒至将好时改小火，以免炒焦产生苦味。一般炒沙时间约为 40～60 分钟。

(4) 糖沙比例一般是赤豆 500 克加糖 250～600 克。

(5) 出沙率，一般为 500 克赤豆沙需 1000～1500 克赤豆，出沙率大小与豆沙的厚薄擦沙有关。

(6) 全国各地炒沙方法，各不相同，各有特点。

质量要求：色泽紫黑、油亮，软硬适度，口感细而不腻，甜而爽口，无焦苦味。

二、果仁蜜饯馅

果仁蜜饯馅是以炒熟的果仁、细粒的蜜饯，与白糖拌合而成。一般常用的果仁有瓜子、花生、核桃、松子、杏仁、芝麻等，蜜饯主要用红丝、青丝、桂花、瓜条、葡萄干、桃脯、杏脯、蜜枣等。蜜饯的特点是松爽香甜，且带有各种果料的特殊香味。

例 35　五仁馅：

配方：核桃 250 克，瓜子仁 150 克，松子仁 250 克，花生仁 250 克，杏仁 150 克，白糖 1250 克，板油丁 1250 克。

工艺流程如下。

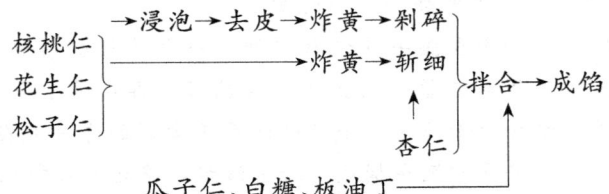

制馅操作要点如下。

(1) 原料处理：将核桃仁、花生仁用开水浸泡去皮、炸黄剁碎；松子仁也炸黄，连同杏仁一起斩细。

(2) 拌馅：将全部原料拌合一起，用手搓匀搓透使糖油五仁融为一体。

三、糖馅

糖馅是以白糖为主料掺粉和其他配料拌制而成的一种馅心。糖

项目三 馅 心

馅一般是以糖掺粉为基础，再加入配料使之形成多种风味特色。如加入猪油，即成白糖猪油馅，俗称水晶馅；加入芝麻，即成白糖芝麻馅，俗称麻仁馅。

例 36 白糖馅

配方：白糖 500 克，熟面 150 克，青红丝 25 克，熟豆油 75 克，桂花 25 克。

工艺流程：白糖、熟面、熟豆油、桂花、青红丝→擦拌→白糖馅。

制馅方法：先把白糖放在案板上，如太干燥适当加点水调和一下，倒入熟粉、桂花、熟豆油等，用力擦拌均匀即可。

制作关键：糖馅大都加入面粉或米粉（以熟粉为好），因为只用纯糖作馅心，加热易受热膨胀、爆裂穿底，食用也易烫嘴。加粉是制作关键，加粉拌糖，要用力推擦，擦起上劲，手抓成坨，如糖太干燥，要适当加点水或油。这样，在加热时，不会受热过于膨胀、穿底、爆裂。

质量标准：鲜、醇、细、柔，食而不腻、香甜适口。

任务 3－4 包馅的比例与要求

面点中的包馅比例，即皮重与馅重之间比例关系，也是面点制作中的一个重要技术问题。

一般来说，包馅量多少与成形技术的高低呈正比。成形技术高的就能多包一些。例如，我们通常以皮薄馅大作为鉴定制作馅点技术的标准之一，但包馅量的多少与品种的不同要求也有着密切的关系，即在各种皮料与各种馅料之间，由于品种不同，就必然存在着相辅相成的组成规律，凡合乎组成规律时，就能更好地反映出不同品种的不同特色，相反则不然。例如，开花包主要反映其体大、皮料松软，故只能包少量馅心，以衬托皮料，否则必然就会破坏开花包的特色。此外也要根据成本核算规定的投料标准，进行适当的掌

面点原料

握,不能任意包多或包少。

包馅可分为轻馅、重馅、半皮半馅等三种。它们的包馅比例是可作为一般的依据,但各地标准不同,只能作为掌握的参考。

一、轻馅品种

这类的面点大都是由于其皮料有显著特色,或其馅料具有浓郁香甜等滋味,因而不宜多包馅心的品种。这些品种馅心所占比例一般为10%～40%。

例如:

(1) 糖酥饼:皮重50克,馅重10克。馅心用料为白糖、豆油、熟面、香精等。

(2) 豆沙包:皮重35克,馅重15克。

二、重馅品种

这类面点大都馅料有显著特点,皮子有较好韧性,适于制大量馅料。其馅心比例为60%～80%。

例如:

(1) 春卷:皮重19克,馅重30克,馅一般多为熟制菜,如白菜心、冬笋、绿豆芽、韭黄、肉丝等。

(2) 水饺:皮重8.5～17.5克,馅重10～25克,馅心用料一般为纯肉、菜肉、虾肉等。

(3) 馅饼:皮重20克,馅重40克,馅心用料为鲜猪肉、牛羊肉等。

三、半皮半馅品种

半皮半馅面点的馅心、皮料各具特色,一般馅心所占比例为40%～50%。

例如:

(1) 各色大包:皮重75克,馅重25～30克,馅心用料有鲜肉、菜肉、豆沙等。

项目三 馅 心

（2）各色汤圆：皮重 20 克，馅重 15 克，馅心用料有鲜肉，芝麻，白糖，豆沙等

复习思考题

一、名词解释

(1) 馅心； (2) 素馅； (3) 清素馅；
(4) 荤素馅； (5) 全素馅； (6) 素三鲜；
(7) 素什锦； (8) 荤馅； (9) 荤素混合馅；
(10) 三鲜馅； (11) 净三鲜； (12) 肉三鲜；
(13) 鸡三鲜； (14) 半三鲜； (15) 甜馅；
(16) 熟甜馅； (17) 生甜馅； (18) 糖馅；
(19) 果仁蜜饯馅； (20) 泥茸馅； (21) 椒盐馅；
(22) 熟咸馅； (22) 熟菜馅； (23) 熟肉馅。

二、问答题

(1) 馅心的重要性？
(2) 馅心的种类及制作要求？
(3) 熟咸馅特点是什么？
(4) 生肉馅加水的作用是什么？
(5) 熟菜馅特点是什么？
(6) 熟肉馅特点是什么？
(7) 生猪肉馅为什么选用前夹心肉？
(8) 澄沙馅质量标准是什么？
(9) 生肉馅调制时为什么加油时加葱花？
(10) 何谓轻馅品种？
(11) 何谓重馅品种？
(12) 何谓半皮半馅品种？
(13) 糖馅的质量标准是什么？

面点原料

项目四　成形技术

成形技术即用调制好的面团和坯皮,按照面点的要求,包以馅心(或不包馅心),运用各种方法,制成多种多样形状的成品或半成品(成形后再经过加热熟制,就是定形制品)。

面点成形是一项技术性较强的工作,它是面点制作的重要组成部分。面点与菜肴一样,要求色、味、香、形俱佳,面点的形态美观尤为重要,它形成了面点特色,如包、饺、糕、饼、团,以及色泽鲜艳、形态逼真的象形制品,都体现了中式面点独有的技术特色。

面点制品花色繁多,成型方法也是多种多样。面点制作工艺流程可分为和面、揉面、搓条、下剂、制皮、上馅,再用各种手法成形。前几道工序属于基本技术范围,与成形紧密联系,对成形质量影响较大。

任务4－1　抻、切、削、拨

这一类成形技法主要用于地方的面食制作,成品的形态简单,多为条形,只是粗细、长短、圆扁、宽窄有别。然而这一类成形技法技术难度大,技术针对性强,常用的特色品种如抻面、小刀面、刀削面、拨鱼面等,被称为中国的四大面食。

一、抻

抻：是把调制好的面团搓拉成长条,用双手抓住面头上下反复抛动、扣和、抻拉,将大块面团抻拉成粗细均匀,富有韧性的条、丝等形状的制作方法。

抻面：有的地区叫拉面,是我国面点制作中的一项独有的技术,是面点制作的精华,被世界誉为"吃的文化、吃的艺术"的典型代表。其动作优美,如行云流水,摆得开、合得拢,具有大气磅礴之

项目四 成形技术

势,给人以美的享受。

抻的用途很广,不仅能制作一般拉面、龙须面,而且制作金丝饼、银丝卷等都需要先将面团抻成条后再制作成形。抻出的面条形状可为扁条、棱角条、圆条等,按粗细分为粗条、中细条、细条和特细条。

抻的工序可分为摔条、溜条、出条。

(1)摔条:将饧好的面团,在案板上搓、拉、摔,使其成为长条。

动作及要领:两手轻握面的两端,从案板上带起至左肩上,用适当的力量向案板摔去。

目的:反复几次摔条,可强行削弱面团的弹性,增强面团的延伸性,既破坏面团的横劲,又捋顺面团的竖劲,缩短溜条时间,达到迅速出条的目的。

(2)溜条:两手轻握面的两端,上抛下摆,反复抻拉,使大条的面筋结构纵向排列整齐、顺溜,成为粗细均匀的大条。

动作及要领:将摔好的大条,双手提起离开案板,两脚叉开与肩宽,身体站立端正,两臂端平,小臂与大臂成直角伸向前方,运用臂力及手腕的活力,以及大条本身的重力和上抛下摆时的惯性,将大条抛摆抻长,当大条长达1.5米要落底的瞬间,进行交扣。交扣两手运力于大条的两端,将力传递给大条,使大条在中下部交叉合拢自然拧成麻花劲,双手合并,面头交于左手,左手将大条悠起,右手接住条的另一端,两臂重新端平,上下摆动,条溜长后迅速向上次交叉的反向交扣,再形成新的麻花劲,两面头交于右手,右手将大条悠起,左手接住条的另一端,这样反复抻拉摆动,正反上劲,直到大条粗细均匀,柔韧为止。

(3)出条:有的叫开条、放条。将溜好的大条滚上面粉,反复折合抻拉,抻出均匀的细面条。

动作及要领:将溜好的大条顺直放在撒有浮面的案板上,并在条两头先后推搓上劲,上劲后提起面的两头带至中间,右手面交手心朝上的左手上,并将两面头夹于食指与中指之间,食指伸出其余

四指握住面头，同时伸出右手的食指与中指，扣在条的中间，左手将条提起，使条的中心挂在右手的两指上，而后向下转动左手带动大条旋转180°，使左手心向下并扣在右侧的案板上，同时右手腕带动大条顺时针旋转180°，使右手心朝上，向左上方提起，然后两臂向两侧伸展端平，左手心朝下，右手心朝上，左手的食指与右手的中指食指向前方平行伸出，双臂上下摆动，使条延伸至1.2米左右，放置案板，并将条的麻花劲打开为一扣。双手再拿住条的两端并合并交于左手，右手中指食指再扣在条的中间，左手提起使条挂于右手指上，按照前面的程序再把条摆长至1.2米左右，放置案板，为两扣。如此重复，面条由一根变两根，两根变四根，反复抻拉面条的根数就会成倍地增加。条的质量要求：粗细均匀、不并条、不断条、长1.2m以上。面条可分：圆条、扁条、三棱条等。

一般下锅煮的面条抻六至七扣（指大条干粉在1000克）。技能鉴定考核抻面时要求八扣以上。

扣与条的函数关系式为 $x=2^n$，式中的 x 为面条的根数，指数 n 为扣数。

例：八扣的面条为多少根？

解：已知 $n=8$ 扣、求 $x=?$

$x=2^n=2^8=256$（根）

答：八扣的面条为258根。

例如37　抻　面

配方：面粉1000克，水600克，精盐4克，面碱10克。

工艺流程：

和面→饧面→摔条→溜条→出条→熟制→冷淘→装碗→加汤

（中间标注：抹碱，位于摔条与溜条之间）

制作过程如下。

（1）和面：粉料倒入盆中加盐，先加90%的水（30℃左右），从下向上抄拌均匀，成麦穗状，再将面团撕抓均匀，并随着带入余下的水分，将面团扎匀、扎透，直到面团表皮十分光滑柔润，不黏手

项目四 成形技术

为止。盖上洁净的湿布饧面。

（2）饧面：抻前要将面团饧透，使面筋充分形成，一般饧30分钟以上，这样便于抻拉，不易断条。

（3）抻：抻的工序可分为摔条、溜条、出条。要点前文已述。

（4）熟制：锅中的水量应是面条的10倍以上，面条下锅时其密度大于水的密度。面条要向锅底下沉，在沸水的作用下，面条内所含的空气，会迅速膨胀，当面条的密度小于水的密度时，面条浮起，面条在锅里腾起第一滚时，用长筷先后翻四五次身约1分钟左右，即可出锅。面条水煮时蛋白质产生热变性，淀粉具有被水解的特征，因此，面条一定要在沸水中煮，可缩短其在水中的受热时间，使其蛋白质迅速变性凝固，淀粉糊化形成凝胶，即面条成熟，为降低淀粉的水解，煮面条不可过火，一般断生即可，否则制品容易变软烂，失去劲力，爽滑与韧性。

（5）冷淘：面条成熟后用凉水过一下，使面条挺伸，即弹性和韧性增强，这是面条由100℃的沸水降至30℃以下的冷水中所产生的特效。淀粉虽然由糊化温度，突然进入老化温度，但由于淀粉在碱性条件下比较稳定不易老化，从而出现了面条在一段时间内具有劲性、韧性、爽滑等特点。

（6）装碗：将煮好的面条装碗加面码，浇上滚开的汤即可食用。

二、切

切：是用刀具把调好的面团分割成符合成品或半成品要求的方法。切是面条、馄饨皮成形的重要步骤之一。

它分为手工切面和机器切面两种。机器切面的劳动强度小、产量高，能保持一定的质量，现在饮食业中普遍使用。但手工切面仍具有其优势，一些高级面条（宴会上的鸡蛋面、翡翠面、金丝面、银丝面条）仍用手工切面。

1. 手工切面法

将擀好的大面片折叠成梯形，约10厘米宽的条，左手放在叠好的面片上，右手持刀，用快刀推切法切制。根据要求，掌握好面条

粗细，切时握刀要稳、下刀要准。切后，撒上干粉，再用双手向中间搓动一下，使其松散，然后拎起一头抖开晾在案板上即可。

2. 机器切面法

将面粉放入和面机内，加入冷水和适当的盐、碱，使面和透取出，放入压面机内，开动机器，将和好的面通过压面机的滚筒压成皮，一般要反复压3~5遍，第一遍压皮，滚筒距离调宽一些；第二遍压皮，可把滚筒距离调近一些，把皮子压薄一些；第三遍压皮，把滚筒距离调适当，压出的皮子必须厚薄一致，符合需要的厚度。压面机上装上切面刀，装刀时必须装平，薄厚要适当，不能装成一头宽一头窄，否则容易断条，影响质量。装完后再开动机器，使面皮通过切面刀即成为面条。

切法操作应注意的事项：

（1）刀口要锋利，握刀要稳、下刀要准，不能出现连刀或斜刀现象。

（2）机器切面的关键是和面，加水要适量（每斤面150~175克水和5克盐）。水少面太干，压面时容易断条碎条；水多面软，不易出条，在煮制时易烂糊、稠汤，从而影响质量。

（3）机器切面要严格遵循操作程序，必须注意生产安全，尤其注意，勿将手指、衣袖、头发卷入机器，防止发生事故。

切适于刀切馒头、虎皮糕、象眼糕等成形，并为下剂的手法之一，如油条、花卷等的剁剂。

例如38 手擀面

配方：①面粉500克，食碱2克，水175~200克。②面粉500克，鸡蛋50克，水125~150克。

工艺流程：和面→揉面→擀片→切条→熟制。

制作过程如下。

项目四 成形技术

（1）和面：面粉置于案板上，加碱（或鸡蛋）及水调和均匀、揉匀、揉透，揉到面团十分光滑为止，饧20分钟。

（2）成形：将饧好的面团擀成0.15厘米厚的圆片，折叠成梯形约10厘米宽的条，用方刀切成0.2～0.3厘米宽的面条。

（3）熟制：将面条投入沸水锅中，面条与水的比例是1∶5以上，要求水沸而不腾，当面条浮起，断生后，八九层熟时，即可出锅。

清汤面的面码：细黄瓜丝、胡萝卜丝、香菜叶、葱丝、香油。

装碗：面条盛入碗中，加上适量的面码，点上几滴香油，加入清汤，即成。

风味特点：色泽鲜艳、面条柔软、富有韧性、汤清澈、味鲜美，富有蔬菜的清香。

三、削

削俗称削面，是将坯料用刀一刀挨一刀地向前推削，形成面条、面片的方法。

用刀削出的面条叫刀削面，这是北方特有的技法。煮熟的刀削面吃口筋道，劲足，爽滑，也分为机器削和手工削两种。

手工削面的具体方法是：先和好面，每500克面粉掺冷水150～175克为宜，冬增夏减。面和好后饧半小时，再反复揉成长方形的团块。饧好后，将面团托于左掌上，右手持刀，由上往下、由里向外，一刀挨一刀地削入煮锅。削面时必须精力集中，做到刀不离面，面不离刀，手眼一线，一愣赶一愣，后一刀落在前一刀的棱线上，才能削出两头尖，中间宽，剖面呈三棱形的面条。面条入锅煮熟，捞出，再加调味料即可食用。

刀削面的操作要点：

（1）刀口与面团持平，削出返回时不能抬得过高（最高不能超出3.3cm）。

（2）后一刀要在前一刀的刀口上端削出，即削在头一刀的刀口上，逐刀上削。

（3）削成的条要呈三棱形（柳叶面），厚薄、长短基本一致。条长一点较好，长20厘米左右为宜。

刀削面是山西风味面食，因其风味独特，驰名中外。刀削面全凭刀削，因此而得名。用刀削出的面叶，中厚边薄，棱锋分明，形似柳叶；入口外滑内筋、软而不黏，越嚼越香，深受人们的喜爱。

刀削面对和面的技术要求严，水、面的比例要求准确。和面时先调成麦穗状，再揉成面团，然后用湿代手蒙住，饧半小时后再揉，直到揉白、揉透，揉到面团十分光滑为止。如果面没揉好削时容易粘刀、断条。操作时左手托住揉好的面团，右手持刀，手腕要灵活，出刀要平，用力要匀。高明的师傅，每分钟能削200刀左右，每个面叶的长度恰好才是6寸。

刀削面的调料（俗称"浇头"或"调和"）也是多种多样的，有番茄酱、肉炸酱、羊肉汤、金针菇、木耳、鸡蛋打卤等，并配上应时鲜菜，如黄瓜丝、韭菜花、绿豆芽、黄豆嘴、青蒜末、辣椒面等，再点上点老陈醋，十分可口。

例39 刀削面

配方：面粉500克，凉水，175克。

工艺流程

和面→饧面→揉面→削面→煮面→冷淘→装碗→加卤

制卤—————————————————————↑

制作过程如下。

（1）和面：面粉置于案板上，加水调和成较硬的面团，揉匀、揉透，揉到面团十分光滑为止，饧30分钟。

（2）揉面：将饧好的面团揉成粗长条，长度比操作者的左小臂略长，面下部用一根细面杖托起。也可把面揉成长方形厚饼状，将细面杖卷在中间偏下的位置，使面团沿面杖方向挺起。

（3）削面：削面时站在沸水锅前，左手托住面团。右手持瓦片刀，削面时右手拇指

项目四 成形技术

在下,其余四指在上,捏住片刀,刀背凸起面朝下,下刀时刀面与面团表面夹角宜小些,刀刃斜向削出,在面团上从右向左一刀挨一刀削,削成的面条成三棱状,长约20厘米。面条背部能够形成一条棱,是因为下一刀总要削在前一刀的一侧刀口上,要求条粗细适中,薄厚均匀,棱正条长。

(4)熟制:将面条直接削入沸水锅中,随削随煮,面条与水的比例是1∶5以上,当面条浮起,断生后,八九层熟时,即可出锅。过一下凉水,即成白坯刀削面。

(5)制卤。

四、拨

拨是用筷子将稀软面团拨出两头尖中间粗的条的方法。

拨出后一般直接下锅煮熟,这是一种需借助加热成熟才能最后成形的特殊拨法。因拨出的面条圆肚,两头尖,入锅似小鱼入水,故叫做拨鱼面,又称"剔尖",是流行于山西民间的一种特技水煮面食。

制作时,面要和得软,500克面粉掺水多于300克。和好后再蘸水揣匀,至面光后用净布盖上饧半小时。饧好后放入凹盘中,蘸水拍光,把盘对准开水煮锅,稍倾斜,用一根一头削成三棱、尖形的筷子顺着盘边由上而下拨下快流出的面,使之成为两头尖,10厘米长,鱼肚形条,拨到锅内煮熟,盛出加上调料即成。也可煮熟后炒着吃。

技术要点:

(1)选用面筋质含量较高的优质粉,加水搅面时先加少后加多,并顺一个方向搅匀。

(2)稀软面团饧的时间越长越好,使拨出的面比较柔软、光滑。

(3)拨面时锅里的水必须开沸,以防止拨出的面条粘在一起而不能形成光滑的面条。

面点原料

例 40　拨鱼面

配方：面粉 500 克，色拉油 25 克，油泼辣椒 25 克，醋 50 克，大蒜五瓣，凉水 325 克，盐 5 克。

工艺流程如下。

和面→饧面→拨面→煮面→冷淘→装碗→加卤

制卤⎯⎯⎯⎯⎯⎯⎯⎯⎯⎯⎯⎯⎯⎯⎯↑

制作过程如下。

（1）和面：将面粉放入盆内，分三次加入清水，用擀面杖顺着一个方向搅拌三十多圈，然后擀面杖放斜，象碗内打鸡蛋一样，由前向后，由上向下提打成稠糊状，然后在面的表面刷层油，饧 30 分钟以上。

（2）制蒜汁：大蒜去皮，冲洗干净，放入蒜钵中捣碎成蒜泥，再用铁勺将加热的色拉油炝入蒜泥内搅匀。

（3）拨面：把饧好的稠糊放碗内，左手端起，碗口倾向锅边，右手用削尖的竹筷子将流向碗边的面往开水锅内拨，使其成 6.6 厘米长、0.5 厘米粗、中间大、两头尖的小鱼形长条，其形如鱼，所以叫拨鱼。

（4）熟制：煮至面鱼儿浮起，成熟后在冷水中过一下盛入碗内。

（5）装碗：成熟后的面条盛入碗内，调入盐、醋、蒜汁和油泼辣椒即可食用。

（6）风味特点：滑爽透明、吃口筋韧、酸辣鲜香、别具风味。

项目四 成形技术

任务 4-2 搓、包、卷、捏

一、搓

搓是面点成形工艺中最基础、最普遍的一种基本技法。搓分为搓条和搓形两种。

搓条：是取一块面团搓拉成长条，然后双掌前部搁在条上，来回推搓，条向两侧延伸，成为粗细均匀的条。要求条圆、光洁、粗细均匀。

搓形主要用于搓馒头、搓麻花等。搓麻花是将麻花剂条放在案板上，两手将条搓细搓匀，双手再将条反方向搓上劲，将两根小条的头和在一起成为大条，自然拧成麻花劲，将大条继续上足劲，折成三折形成麻花。通过搓制成形；形成"浑身是劲"麻花。

搓又是揉，揉是将下好的剂子用双手互相配合，揉搓成圆形或半圆形的团子。一般用于制作高桩馒头、圆面包。揉的方法有单手揉和双手揉，形状一般有蛋形、半球形、高桩形等。

1. 双手揉

（1）揉搓：取一个面剂，左手拇指与食指分开挡住面剂掌根着案，右手用掌根按住面剂向前推揉，然后用左手指将面剂卷回，再重复运动，使面剂沿顺时针方向转动。面剂头部变圆剂尾揉进变小，最后剩下一点，塞进或掐掉，立放案上。

（2）对揉：将面剂放在伸直的左手掌上，右手五指弯曲扣在左手的面剂上，顺时针搓揉，右手掌根从左手掌根推起，将剂推向虎口直至指根，右手手指将剂沿左手指根揉至掌边，最后至掌根，再重复运动，边揉搓边收成圆球形。

2. 单手揉

双手各取一个剂子，握在手心里，放在案上，用掌根按住向前推揉，其余四指将面剂拢起，然后再推出，再拢起，使面剂在手中向外转动，即右手为顺时针转动，左手为逆时针转动。双手在案板

面点原料

上呈"八"字形；往返移动，至面剂揉褶越来越小，呈圆形时竖起即成馒头生坯。

3. 揉的操作要领

（1）揉制面剂时要达到表面光洁，不能有裂纹和面褶出现。

（2）揉面剂时的收口越小越好，并将收口朝下，成为底部。

二、包

包是将制好的皮子包入馅心使之成形的一种技法。

包的手法在面点制作中应用极广，很多带馅品种都要用到包的技法，如烧卖、春卷、汤圆、各式包子、馅饼、馄饨，以及较特殊的品种——粽子等。包法常与其他成形技法结合一起，如包入法、包拢法、包裹法、包捻法等。

1. 无缝包

无缝包又称无褶包，具体操作法是，左手托皮，手指向上弯曲，使皮在手中呈凹形，便于上馅，右手用馅匙上馅，上馅后稍按，然后用两手将皮边拢向中间，通过左手拇指与食指的配合，边包边捏，收紧封口，右手指捏住剂的底部，顺时针转动。收口后掐掉剂头，成为无缝的圆形生坯。翻转过来光面朝上，剂口朝下放在案上，即成无缝包，其外形似馒头，如豆包、馅饼、汤圆等。

2. 包拢法

左手托皮，手指向上弯曲，使皮在手中呈凹形，右手用馅匙，左手五指将皮子四边朝上，托在馅以上，从腰处包拢或用右手上馅的馅匙顶住，左手五指从腰部包拢稍稍挤紧，但不封口，从上端可见馅心，下面圆鼓，上呈花边，形如白菜状或石榴状，如烧卖。

3. 包捻法

左手拿一叠皮子（梯形、三角形或正方形），右手拿筷子挑一点馅，往皮子上一抹，朝内滚卷，包裹起来，抽出筷子，两头一粘，即成捻团馄饨。

4. 包卷法

把制好的皮平放在案板上，挑入馅心，放在皮的中下部，将下

项目四 成形技术

面的皮向上叠在馅心上,两端往里叠。再将上面的皮往下叠,叠时均匀抹点面糊黏住,成为长条形。该法适用于春卷、煎饼合子的成形。

5. 包裹法

以粽子的包法为例。粽子形状较多,有三角形、四角形,菱角形等。①菱角形粽:先把两张粽叶合在一起,扭成锥形筒子,灌进湿糯米,然后包成菱角形,用绳扎紧即成;②三角形粽:把粽叶扭成锥形筒子,灌进湿糯米,粽叶折上包好即成;③四角形粽:先把两张粽叶的箭头对称,各叠三分之二,折成三角形,放入糯米,左手理成长形,右手把没有折完的粽叶往上推,与此同时,把下边两角折好,再折上边第四角,即成四角形粽子。所有粽子均要用草绳扎紧,如四角粽子,先用马莲把头部两角处绕紧两圈,移向中间绕两圈,左手将粽子掉头再绕两圈,两头草绳碰拢,合在一起一转,绕里塞进,从另一头拉出拉紧即成。在包裹时,注意两张粽叶要一反一正,两面都要光洁。

包的注意事项:

(1)坯皮要薄厚均匀,馅心要包到皮的中间,这样才利于成熟。

(2)馅心勿沾在坯皮边缘上,以防收口包不住,导致成熟时散碎漏馅。

(3)包时要注意收口用力要轻,包口紧而无缝,不可将馅挤出,要包紧、包严、包匀、包正。

三、卷

卷是将擀好的面片或皮子,按需要抹上油或馅,然后卷成卷,叠成有层次的形状,再用刀切成块的一种成型方法。卷按制法可分为单卷和双卷两种。

1. 单卷法

单卷是将擀制好的坯料,经刷油、抹馅或直接根据品种要求,从一边卷向另一边成圆筒状的方法。例如,花卷类,卷好后切成坯再制成,如千层饼、豆沙卷、蝴蝶卷等,油酥制品中的卷筒酥也属

 面点原料

单卷。

2. 双卷法

双卷法又分为异向双卷法和同向双卷法。

异向双卷法是将擀制好的坯皮，经刷油或加馅心，从两头向中间对卷，卷到中心两卷靠拢的方法。操作时卷紧且两卷应粗细一致。切成坯后，可做成如意卷、四喜卷等。

同向双卷法是将擀制好的坯皮，一半经刷油或抹馅心，从头卷到中间，翻身再给另一半刷油或抹馅心后，再卷到中间，成为一反一正双筒的方法。操作时两卷要卷紧且应粗细一致，切坯后可制成鸳鸯卷、菊花卷等。

卷制法操作时的要领是：

（1）卷前坯料要擀成厚薄一致，卷时两端要整齐、卷紧，且要卷得粗细均匀。

（2）卷制是需要抹馅的品种，馅不可抹到边缘，以防卷馅时馅心挤出。

（3）当卷成的条筒过粗时，单卷筒可以采取搓条的方式使条粗细适度；若是双卷条筒，则需采取捋条的方式将条捋匀。

（4）单卷条接口要压在卷的底部，以防成熟时散卷、开裂，影响制品形态。

（5）有些卷制的面点要求其截面呈现云卷似的层次，为保持切断面的花纹不被破坏，在切制时要求刀锋利、快速下切、一刀到底。

四、捏

捏是将包入馅心或不包馅心的生坯经过双手指上的技巧，制成各式形状的面点制品。

捏的技术性很强，比较复杂，制作手法多样、变化灵活。特别是捏花色制品，具有较高的艺术性，捏出的制品不但形态美观，而且形象生动逼真。捏是在包的基础上进行的，是一种综合性的成型方法。从捏本身来讲，又可分为挤捏、推捏、捻捏、叠捏、提褶捏、扭捏、花捏等多种手法。

(1) 挤捏：这种方法适用于制作水饺。左手托皮，右手拿馅匙子挑拨上馅，把皮合上对准，双手食指弯曲向下，拇指并拢在上，挤捏皮边。捏成边平无纹、肚大边小、形似和尚敲的木鱼。

(2) 推捏：是在挤捏的基础上，沿皮坯一侧的边沿，推捏上均匀的皱褶花纹。例如，制作月牙蒸饺，左手虎口托住加了馅的坯皮，右手食指将外皮向前一推，使其呈一个凹状，随之右手的食指和拇指配合，捏出一个皱褶。经不断推捏，形成月牙形的饺子，要求褶皱均匀清晰。

(3) 捻捏：使用右手的拇指与食指在生坯的边上，搓捻出波浪式的花纹，如三鲜烙合、韭菜合子、锄板合子等。

(4) 叠捏：如四喜饺，将加馅皮坯四等分向中间黏起，形成四个大孔洞，每相邻两个大孔洞的邻边，中间相互叠捏起，形成四个小孔洞。

(5) 提褶捏：是用左手托住皮坯。呈窝状放入馅心，右手拇指、食指捏住皮坯边缘，拇指在里，食指在外，拇指不动，食指由前向后一捏一叠，同时借助馅心的重力向上提起，左手与右手紧密配合沿顺时针方形转动，形成均匀的褶皱，如天津包、灌汤包等。

(6) 扭捏（锁边）：将明酥等制品的边沿，用右手拇指、食指在边上捏出一些，再将其向上翻，再向前稍移继续捏、翻，直到将边锁完，形成均匀的绳状花边即成，如立酥合子、燕窝酥、眉毛酥等。

(7) 花捏：主要是捏制象形品种，如模仿各种动植物的船点、艺术糕团等，形成各种形状的手法。

捏法操作应注意的事项：

(1) 挤捏时要用力均匀，既要捏紧，捏严、黏牢，又要防止用力过大，以免把饺子的腹部挤破从而影响形态。

(2) 推捏时前后皮边要对齐，不能有高有低，推捏用力要轻，不能伤破皮边，花纹要均匀清晰。

(3) 叠捏时一定要将皮边均匀等分。

(4) 提褶捏时要注意，拇指不可捏得太死，而要随之转动，食指要尽量向下伸一些，不要用指尖，收口时动作要轻，用拇指、食

面点原料

指同时往中间轻轻一捏即可。

（5）捏制象形类品种时用力要轻，并应仔细认真。

任务 4-3 叠、摊、擀、按

一、叠

叠是将经过擀制的面皮按需要折叠成一定形态、半成品或成品的技法，具最后成形还需与擀、卷、切、剪、钳、捏等结合。

面皮制作中常常用到，一般作为面皮或半成品的分层间隔时的操作，如千层酥、花卷、千层糕等。叠制法的要领是：叠与擀相结合，要求每一次都必须擀的薄厚均匀，否则成品的层次将出现薄厚不匀的现象。有些面皮叠制前抹油是为了隔层，但不能抹得太多，且要抹均匀。

二、摊

摊是将稀软的面团或糊浆入锅或铁板上制成饼或皮的方法。

这种成形法具有两个特点：一个是熟成形即借助于平底锅或刮子等边熟边成形；另一个是使用稀软面团或糊浆，可用于制作成品如煎饼、鸡蛋饼等，也用于制作半成品如春卷皮、豆皮等。

按照摊制方法不同可分为以下 3 种。

1. 旋摊

旋摊即糊浆倒入有一定温度的锅内，将锅略倾斜旋转，使糊浆流动，受热形成圆皮的方法，如锅饼皮、吊蛋皮等的摊制。

2. 刮摊

刮摊即糊浆倒入烧热的平底锅或铁板上，迅速用刮子将其刮薄、刮匀、刮圆的方法，如煎饼、三鲜豆皮等的摊制。

3. 手摊

手摊即手抓稀软面团在烧热的铁板或平锅上不断地甩粘或摊转一下，动作要快，厚薄均匀，大小一致，再将面团从平锅上抓起。

操作时,首先要将锅或铁板烧干,以防烙好的皮粘锅或结板。凡是摊皮都要求张张厚薄大小都要一致,不能粘锅或出沙眼、破洞等。其次,要掌握好锅的温度。温度低不易结皮,温度高则皮厚易黏底,摊时还要往锅或铁板上抹点油,但不可多,这样便于揭下来。

三、擀

擀是指面团生坯用面杖擀成片状。擀制方法多种多样,如层酥、饺子皮、烧卖皮、馄饨皮等擀法均不同。擀直接用于成品或半成品的成形并不很多,常需与叠、切、包、捏、卷连用,如花卷、千层饼、面条等。几乎所有的饼类制品都要用擀制方法成形。

生坯擀的技术要点:

(1) 向外推擀时要轻要活,向前后左右四周的推拉应均匀一致。一般是将生坯推拉成圆后,横过来,转圈擀圆,再横过来擀成长圆,最后用面杖擀成正圆形。

(2) 擀时用力要适当,尤其是最后快成圆形时,用力更要均匀,不但要保证将生坯擀圆,也要保证各个部位厚度基本一致。

四、按

按又称压,是用手将坯料擀压成形的方法,主要用于制作形体较小的包馅面点,如馅饼、酥饼、白皮酥等。用手按速度快,较有分寸,不易挤出馅心。操作时用力要适当,并转动面坯按压。也常做辅助手段使用,配合包、印模等成形技法。

按可分为手指按和手掌按两种。手指按则是用食指、中指和无名指并排,均匀揿压面坯;手掌按是用掌根按面坯。

任务4-4 钳花、模具、滚沾、镶嵌

这一类成形技法主要利用各种模具成形,用于包类、糕类、元宵等制品的成形,以及装饰成形,用以枣糕、百果耳糕、夹沙糕、八宝饭等制品的成形。

面点原料

一、钳花

钳花是运用小工具整塑成品或半成品的方法。它依靠钳花工具形状的变化，能形成多种形状，工具一般为花钳，有锯齿形、锯齿弧形、直边弧形等。通过花钳的钳使成品或半成品表面形成美观的花纹，从广义上讲，这些小工具成形也属模具成形。而从操作技术上讲属夹制成形的范畴。钳花成形的制品有钳花包、船点花、荷花包等。

二、模具

模具是将生熟坯料注入、筛入或按入各种模具中，利用模具成形的方法。

模具的优点是使用方便，规格一致，能保证成品形态、质量，便于批量生产，如梅花糕、月饼，还可形成桃形、花形、鸟形、蝴蝶、鱼、虾等形状。常用的模具花纹图案有鸡心、桃形、梅花、蝴蝶等形态，还有各种字形图案，如"囍""寿""福""禄"等，各种纹饰的图案也多种多样。

1. 模具的种类

模具大致可分为四类：印模、套模、盒模、内模。

（1）印模：它是将成品的形态刻在木板上，然后将坯料放入印板模内，使之形成图形一致的成品。印模的形状很多，印板图案非常丰富，如月饼模、松糕模等各种糕模，成形时一般常与包连用，并配合按的手法。

（2）套模：它是用铜皮或不锈钢皮制成各种平面图形的套筒，成形时用套筒将面擀成平整坯皮的坯料，一套刻出来，形成规格一致，形态相同的半成品，如花生酥，小花饼干等。成形时常与擀连用。

（3）盒模：盒模是用铁皮或铜皮经压制而成的凹形模具或其他形状容器，规格花色很多，主要有长方形、圆形、梅花形、菊花形等。成形时将成品或坯料放入模具中，熟制后便可形成规格一致、

项目四 成形技术

形态美观的成品。常与套模配合使用,也有同挤注连用的。品种有花蛋糕、方面包等。

(4) 内模:内模是为了支撑成品、半成品外形的模具。规格或样式可随意创造,如冰淇淋筒内模等。

2. 模具成形的方法

根据成形时的不同,模具成形大体可分为三类:生成形、加热成形和熟成形。

(1) 生成形:将半成品放入模具内成形后取出再熟制,如月饼。

(2) 加热成形,将粉料或糕面先加工成熟,再放入模具中压印成形,取出后直接食用。如绿豆糕就是将绿豆烤熟碾成粉,用白糖麻油熟面粉搅拌起粘,放入模具压印成形,直接上桌食用。

模具在使用时,一要注意卫生,使用前后都要清洗;二要防止粘模,可采取抹油、拍粉衬油纸等方法。

三、滚沾

滚沾是将馅心加工成球形或小方块后通过着水增加黏性,在粉料中滚动,使表面沾上多层粉料的方法。例如元宵的制作,先把馅料切成小方块冷冻后,喷洒上些水润湿,放在有糯米粉的簸箕中,用双手拿住簸箕匀速摇晃,馅心在干粉中滚动沾上了一层干粉。再喷洒些水,在粉中滚动,又沾一层,如此反复多次滚沾成圆形元宵。元宵的馅心必须干韧有黏性,并切成大小相同的方块,才能沾住干粉,滚沾后规格一致。过去都是人工手摇元宵,劳动强度大,现在普遍改用机器摇元宵,产量高,质量也较好。

滚做法现在也普遍用于沾芝麻、椰丝等的操作,如麻团、椰丝团等常用此法。

四、镶嵌

镶嵌是通过在坯料表面镶嵌或内部填夹其他原料而达到美化成品,增调口味的目的一种方法。

(1) 直接镶嵌法:如枣糕,枣饼蜂糖糕等,成熟前在糕坯上镶

面点原料

上几个红枣粒、青红丝等。

（2）间接镶嵌法：即把各种配料和粉料和在一起，制出成品后表面露出配料，如赤豆糕、百果年糕、五仁玫瑰糕等，要求配粉分布均匀。

（3）镶嵌料分层夹在坯料中，如夹沙糕、三色糕等，要求夹层厚薄均匀，夹馅不宜太厚，防止与糕坯分离。

（4）借助器皿镶上，如八宝饭、喇嘛糕等则是先把配料铺放在碗底，摆成各式图案，加入糯米，馅心等平口后蒸熟，取出倒扣于盘内，表面形成优美图案。要求色彩配置和谐。

（5）配料填在坯料本身具有的洞腹中，如糯米甜藕，是将糯米填入藕孔中，盖上，成熟晾凉，切片即为红藕嵌白米。

镶嵌时，需利用食用性原料本身的色泽和美味，经合理地组合搭配，镶嵌在制品表面以美化制品，增加口味和营养。操作时要根据制品的要求和各种配料的色泽，形状及食用者的要求而掌握。

除此之外，还有芝麻、樱桃、椰丝、面包糖等饰料，在制品外面点缀成一定形态的装饰技术；用染色糖粉、碎果仁、碎花果等饰料辅撒做花心、花蕊的装饰技术；用果仁、水果、蔬菜等饰料拼摆与制品表面的装饰技术等。

任务 4-5 其他成型方法

一、拧

拧是将面剂翻转或扭成一定形态的技法。它常与搓、切等手法结合使用，如一字卷、圆花卷等的制作。

圆花卷的拧花：首先将开片、切剂后的坯，用双手的食指、拇指顺着剂捏压剂条的中间，捏出一条槽，再将双手的食指和中指兜在剂条底的两边，拇指在剂条的上面的槽中往下压，使剂的两侧上翻拢在一起形成八层花纹，再用左右的拇指和食指捏住剂的两端，花纹对准虎口，两手配合，以左手的拇指为轴盘转一圈，拧成圆花

项目四 成形技术

卷的生坯。

一字卷的形成：将切剂后的坯，用双手的食指和拇指顺着剂捏压剂条的中间，形成一个40厘米的槽，双手的两指向后退，退至槽边，左手捏住槽边，右手向内转180度，食指在上，拇指在下，捏住槽边，两手各旋转180度，左手向内转，右手向外转，拧成花纹，同时两手向两侧拉伸，使面剂延长为15厘米，成为一字卷的生坯。

二、剪

剪是用剪刀对成品或半成品进行加工而使之成形或便于成形的一种技法。它常配合包捏等成型方法，使制品更加形象生动，如花色酥点中的海棠酥、刺猬酥等，都要用到剪的成形技术。

操作时应熟练使用剪刀，做到下刀深浅得当，以防有馅品种馅心外露而影响形态美观。要求剪得粗细一致，与整体形态协调匀称。

三、夹

夹是借助于工具如竹筷、花钳或花夹等将面坯夹制出一定形状的方法，如花式卷子、夹子、船点、花式包等。夹的成形方法主要有两种：第一种是用筷子等工具将已初步成型的坯料夹合黏牢成一定形状，如蝙蝠夹、"寿"字卷、炸菊花等即属这一类成型方法；第二种是在初步成形的生坯表面夹捏出一定的花纹，使之具有一定的形态，如夹花包、荷花包等，使用的工具有花钳、花夹等。从表面形式上看，第二种方法也属钳花成形技法。

四、挤注

挤注是将装坯料的布袋，通过手指的挤压，使坯料均匀地从袋嘴流出，直接入烤盘形成品种形态的一种方法，如制作气鼓、细小饼干、蛋黄片、长白糕等。根据品种的不同要求，更换袋嘴的挤注器，通过挤、拉、带、收等手法，形成各种不同形状的成品或半成品。挤注时要注意用力得当，出料均匀、规格一致。

175

 面点原料

五、裱花

裱花是将装有油膏或糖膏原料的布袋,通过手指的挤压,使装饰料均匀地从袋嘴流出,裱制出各种花卉、树木、山水、动物、果品等图案和文字的技法,大多用于西式裱花蛋糕。其要领是准备好适合的挤注袋的裱花嘴,通过控制嘴子的角度、高低及挤注的速度和手劲的轻重来掌握形态。挤注与裱花的手法相似,均从西式面点引进,区别在于用途不同,挤注用于坯料成形,裱花则是用于装饰,艺术要求高于挤注。

六、立塑

立塑就是用适当的成熟主坯或直接可以食用的原料塑造成立体图案的一种造型方法,是面点成形技法的综合体现。它多用于一些特定的场合,有主要用于欣赏的品种,能表达一定的主题面点立体图案,如用于橱窗展,食品节的展台,用于大型活动烘托气氛的看盘等;也有观赏与食用兼备的品种,如用作婚嫁喜事、祝寿、宴会等能体现主题,既增强情趣意境,又要食用的品种。在制作前要求制作者必须认真设计、选料,最大限度地体现主题和制作水平。

面点的立塑,要注意食用性和欣赏性的关系,要既不破坏营养,又合乎食品卫生要求,达到色、香、味、形俱佳的效果,同时又要有一定的观赏价值。立塑的技术难度较大,制作者除了有丰富的制作经验,还需要有一定的美学知识,能掌握多样统一、对称平衡、重复与渐次、对比与调和等构图法则,才能使面点的立塑制品图案形态逼真造型精美。

立塑所用的主坯可以是米粉主坯,也可以是膨松主坯,水调主坯、油酥主坯、杂粮主坯等,而其中大部分是采用蛋糕主坯制作。

七、平绘

平绘是利用可食用的糕体作坯,在糕体上塑造出各种花卉、飞禽走兽、园林山水等平图案的成型方法。这些制品用于婚嫁喜事、

项目四 成形技术

祝寿、宴会等场合，往往能烘托主题，使欢乐的气氛倍增。

采用平绘法制作时，若用天然色素，必须随蒸随用，不可复蒸，否则会引起褪色，若以食用为主，必须注意卫生。

复习思考题

一、名词解释

(1) 成形；　　(2) 抻；　　(3) 切；　　(4) 削；
(5) 拨；　　(6) 搓；　　(7) 包；　　(8) 卷；
(9) 捏；　　(10) 推捏；　(11) 挤捏；　(12) 捻捏；
(13) 叠捏；　(14) 提褶捏；(15) 扭捏；　(16) 花捏；
(17) 叠；　　(18) 摊；　　(19) 旋摊；　(20) 刮摊；
(21) 手摊；　(22) 擀；　　(23) 按；　　(24) 钳花；
(25) 模具；　(26) 滚沾；　(27) 镶嵌；　(28) 拧；
(29) 剪；　　(30) 夹；　　(31) 剂注；　(32) 裱花；
(33) 立塑；　(34) 平绘；　(35) 无缝包；(36) 摔条；
(37) 溜条；　(38) 出条。

二、问答题

(1) 何谓包拢法？
(2) 何谓包捻法？
(3) 何谓包卷法？
(4) 何谓包裹法？
(5) 何谓单卷法？
(6) 何谓双卷法？
(7) 包时的注意事项是什么？
(8) 捏的注意事项是什么？

面点原料

项目五 熟 制

成熟，即对成形制品的生坯，运用各种方法加热，使其在温度的作用下，发生一系列的变化，成为色、香、味、形、俱佳的熟制品的过程。

任务5-1 成熟方法

一、成熟的意义

成熟是面点制作过程中最后一道工序，是使半成品由生变熟的过程。面点成熟的好坏，将直接影响面点的品质，如形态的变化，皮馅的品味、色泽的明暗、制品的起发等。所以面点加热成熟的过程，也是决定面点成品质量的关键所在。饮食行业有句名言："三分做、七分熟"，就是这个道理。

二、成熟的作用

1. 面点成熟后利于人体消化吸收

面点的成熟使蛋白质受热变性，易被人体中的酶水解成氨基酸，淀粉的糊化使多糖水解为双糖或单糖，更有利于人体对其消化和吸收。

2. 高温消毒、有益健康

成熟的过程，即高温加热的过程，通过加热成熟可以起到对食品消毒杀菌的作用，更有利于人体健康。

3. 确定面点的规格

绝大部分面点均需经过加热成熟才成为成品，而加热成熟的过程中，往往使得面点的形态有所变化，特别是受热疏松起发的品种，对成熟的技艺要求更高。合适的加热方法和技术，可使成品的形态

项目五 熟 制

更自然、更饱满、更合乎要求。

4. 形成面点的风味、保证制品的质量

面点成品的色泽一方面由原料本身的颜色和辅料所决定，另一方面也取决于成熟的技艺，如炸制品。油温的高低、煎炸时间的长短，将直接影响到成品的色泽和口感，合理的成熟技艺，将会得到色泽金黄、口感酥脆，令人食欲大增的成品。

5. 丰富面点的品种

面点产生多样性的因素很多，其中熟制方法是引起面点品种多样的一大因素。不同的熟制方法，形成不同的面点特色，也就丰富了口味各异的面点品种。

三、成熟方法的种类

成熟方法主要分两大类，一类是单加热法，另一类是复合加热法。

单加热法：只用一种方法加热使制品成熟的方法，如蒸、煮、烤、烙、煎、炸等，这些加热方法可使制品一次成熟。其特点是制品成熟后，保持原形原味，可直接食用。

复加热法：需要两种或两种以上的单加热方法加热使制品成熟，并形成制品风味特点的加热方法，如将某些制品经蒸、煮、炸、烙等方法加热后，再通过炒、焖、烩等不同的方法制成的食品。其特点是采用这样方法所用的坯料是已经成熟的食品，可以直接食用，也可烹制调味后食用，具有鲜美、浓香、入味透、易消化等特色。

任务5-2 成熟工艺及运用

掌握面点的成熟原理，灵活运用在各种面点成熟的过程中，使面点成品达到理想的要求，是面点工作人员必须具备的职业素质。成熟技艺包括蒸、煮、烤、烙、煎、炸、炒等方法，无论哪种成熟方法，都要求制作者了解成熟工艺与面团性质、制品特点的关系，正确掌握成熟过程中的技术要领，才能制出不同风味特色的面点。

面点原料

一、煮

煮是把已经成形面点半成品的生坯投入沸水锅中,利用水温的对流传递热量,使生坯成熟方法。它是一种常用的面点熟制方法,通常适用于带汤汁的面点。

1. 煮制成熟的原理

水沸后,将生坯投入沸水锅中,虽然水温有所下降,但仍然保持较高的温度。此时生坯中留存的空气便受热膨胀,制品体积逐渐膨大,相对密度降低而浮上水面,此时坯皮中的淀粉不断吸水糊化,蛋白质变性而凝固,继续受热。通过水温的扩散与渗透,坯皮内部的淀粉也糊化成熟,随着热量的进一步向内部渗透,馅心也逐渐成熟了。

2. 煮制法的技术要点

(1)煮锅内水量要多,汤要清,在煮制过程中,煮锅的水量应比制品多出五倍以上,使生坯受热均匀,不粘连,才能保持成品的形态完美。在加热过程中要注意汤水的情况,需经常换水,保持汤汁不浑浊。

(2)水沸后生坯下锅,因为在65℃以上时,淀粉能迅速吸水膨胀糊化,蛋白质会受热变性。所以水沸后下锅,可使脱落的淀粉减少,又保持了水清而不浊,还可使生坯成熟后皮质软而不黏牙。

(3)保持水"沸而不腾",煮制时,应适当控制火候,视水面情况及时加热或降温(也可添加凉水),保证生坯在水锅中均匀受热,逐渐成熟。加热过程中,火力不宜过大,因为水分大翻大滚,会使生坯互相冲撞而破裂甚至坯皮脱落,影响制品的形态和质量。所以,当煮制食品时遇到水过沸时,要适当降温或添加冷水,使水面保持"沸而不腾",将制品煮制成熟,才能使制品达到皮滑、馅爽、有汁的效果。

(4)让水和制品适当转动,防止黏底抓锅,煮制时适当搅动,可防止生坯受热糊化时粘底变焦,并随着生坯的转动,使制品受热均匀。

项目五 熟 制

(5) 掌握煮制时间，熟后及时起锅，应根据面点品种的不同，灵活掌握煮时间。生坯生馅或生坯皮厚的面点煮制时应长一点，保证制品的成熟度；皮薄或熟馅的品种，应控制煮的时间，防止过熟而使面皮破裂脱落。

例 41　煮水饺

将已成形的半成品下入沸水锅中，立即用手勺背轻轻推动生坯，让制品在水中转起来，以免生坯粘连或粘锅底，待饺子浮起，要点两至三次水，保持锅内水沸而不腾，避免剧烈翻腾的水将饺子冲烂，造成漏馅。待饺子皮鼓起，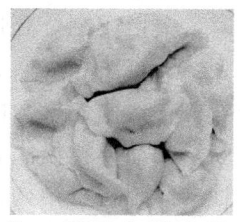皮与馅心脱离，按之即起，皮无白茬馅心发硬即熟。用漏勺捞出饺子，滤干水分，盛入盘中即成。

3. 煮制品的特点

煮制品具有皮质湿润软滑、有汤汁、馅有汁、鲜嫩等特点。

面点中的汤点也称为水碗。其中有咸水碗和甜水碗之分，咸水碗一般有肉料，甜水碗则以糖和奶为主。在咸、甜水碗中，煮有清汤和羹状两种形式。清汤类的咸水碗有水饺、鲜虾云吞、片汤面等，羹状类的咸水碗有三鲜冬瓜露、瑶柱鸡茸粥等。清汤类的甜水碗有莲子鸡蛋茶、燕窝炖雪梨等，羹状的甜水碗有杏仁鲜奶露、可可露糊等。

二、蒸

蒸是指将已成形的面点半成品放在蒸屉内使用蒸汽的热传导和压力作用使生坯成熟的方法。

在蒸制各种点心时，应注意掌握火候，一般以旺火蒸制为宜，但也应根据各种点心皮类的性质，皮馅配制及起发程度的不同，灵活运用火力和加热时间，使面点品种达到质量要求。

1. 蒸制法成熟的原理

蒸的成熟方法是利用热传导的方式将生坯制熟的，而热量的传递过程，是由表面逐渐向内部渗透，使面点里外全面受热成熟的过

面点原料

程,其速度较慢。

当生坯入笼上屉受热后,面皮或馅料中的淀粉和蛋白质会受热发生变化。淀粉受热后膨胀糊化,在糊化过程中,吸收水分成为黏稠胶体,出笼冷却后成为凝胶体,使成品表面光滑;蛋白质受热开始变性凝固,温度越高,变性越大,当生坯中心温度达到70℃以上时,蛋白质完全变性凝固,这时制品的结构趋于稳定,制品基本定型,面点蒸制成熟。

在蒸制蓬松面团制品时,气体受热膨胀,会在面筋网络包围下,带动制品体积增大,使制品内部疏松起发,形成气孔细密、富有弹性的海绵蓬松结构。

蒸制品的成熟是由蒸锅内的蒸汽温度和气压决定的,而蒸汽的温度和压力与火力的大小及蒸笼的密封程度有关。在1大气压下,水沸的温度是100℃,但气压越大,则水沸的温度越高,而热的传递则越快。对制品成熟的形态影响极大,所以,蒸制品的成熟方法,要根据不同品种而灵活运用。

2. 蒸制法的技术要点

(1) 蒸锅内的水量要保持七至八成满为佳。水蒸气的形成,一方面靠火力的加热作用,另一方面需要有充足的水量,才能形成足够的蒸汽。但水量不宜过多,否则水沸后会浸湿生坯,影响成品的质量。

(2) 锅内的水质要清。水分受热沸腾,形成蒸汽后向上蒸发,传热给生坯,使制品成熟,但如果水质浑浊或水面浮满油污,则会影响水蒸气的形成和锅内的气压,所以要注意水质,及时清除浮在水面的乳汁和油污等物,要经常换水。

(3) 必须水沸上笼、盖严笼盖。无论是蒸制包子,还是蒸制肉类烧卖,都必须在水沸后才能上笼蒸,特别是蒸制蓬松面团制品,更应在水蒸气大量涌起时,才将生坯上笼加热。如果水未沸便上笼,那么到水烧沸,产生大量蒸汽还有一段时间,此时由于笼内温度不够高,会令生坯表面的蛋白质逐渐变性凝固淀粉受热糊化定型,抑制了坯内空气膨胀的力度,影响了制品的起发。如果是对碱酵面还

项目五 熟 制

会出现跑碱的现象,产生酸味,所以必须水沸上笼、盖严笼盖,才能够提高笼内温度,增大笼内气压,加快成熟速度,保证成品质量。

(4)掌握火力和成熟时间。由于面点有不同的花式品种,不同的体积大小,不同的成品质量,不同的口感风味,要求采用不同的火力和成熟时间进行加热。一般来说,蒸制面点,要求旺火、足汽蒸制,中途不能断气或减少汽量,更不可揭盖,以保证笼内温度、湿度和气压的稳定。块大、体厚、组织严密的生坯加热时间易长些,起发、膨胀的和体积小的生坯,宜旺火短时间加热。

(5)生化膨松面团制品要掌握好蒸制前的饧发时间,生化膨松面团制品形成后,一般宜先饧发一段时间,使坯体内的微生物继续生长繁殖,产生二氧化碳气体,使生坯在加热前有一定的气体含量,这样蒸制后的成品才会体积增大、松发暄软、富有弹性。

例42 豆沙包

配方:面粉500克,酵母5克,白糖10克,水230克,豆沙馅350克。

工艺流程:和面→揉面→搓条→下剂→制皮→上馅→成形→熟制。

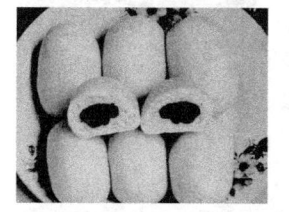

制作过程如下。

(1)和面:面粉置于案板上,开成窝形加酵母、白糖、水(35~40℃)调和均匀,揉匀、揉透。

(2)成形:将揉好的面团搓成条,揪14个面剂,将剂用手按成中间略厚、四周稍薄的圆形皮子,包入豆沙馅,收无缝口呈圆球形,再搓成鸭蛋形生坯,收口朝下,放在案板上。

(3)熟制:将成形后的生坯,在25~35℃的温度下饧10~30分钟,当生坯的体积饧至比原来增大1/3时,即可上屉,要求将生坯整齐有间隙的摆放在铺有湿屉布的笼屉上,沸水下锅,蒸15分钟,即熟。

面点原料

风味特点：色泽洁白，形似鸭蛋圆，膨松柔软，富有豆沙的香甜。

例43 四喜饺

配方如下。

(1) 坯料：面粉500克，猪大油50克，温水200克。

(2) 馅料：猪肉馅300克，海参100克，大虾100克，姜末10克，花椒3克，胡椒粉3克，精盐3克，味素3克，鸡粉3克，料酒10克，香油10克，白糖1克，葱花25克，熟豆油25克，海鲜酱油10克。

(3) 饰料：蛋皮末50克，火腿末75克，青椒末100克，精盐2克，味素3克，芝麻油20克，水发香菇末100克。

工艺流程：和面→揉面→散热→搓条→下剂→制→上馅→成形→装饰点缀→成熟→装盘。

制作过程如下。

(1) 制馅：猪肉馅、大虾（去皮去虾线）、海参切成小丁拌匀，加调料5分钟后加150克凉水同时加味素，并向一个方向搅拌成稠状，待10分钟后加豆油，同时放入葱花拌匀成馅。青椒洗净后焯水，并用冷水漂凉，再切成碎末，分别将青椒末、香菇末、蛋皮末加调味品调味后备用。

(2) 和面：面粉摊在案板上，浇上温水（70℃左右），边浇边搅，而后加入猪板油，淋上少许的冷水，并用掌跟擦匀、擦透。最后将面团摊开，晾凉揉和成团，饧置15分钟。

(3) 制皮：将饧好的面团搓成直径2.5厘米的圆条，揪40个面剂，擀成厚薄均匀，直径8厘米的圆皮。

(4) 成形：左手托皮，右手用馅匙上肉馅，再用右手把皮提起来捏成四个角，把四个角的八个边从中间把每相接的两个边捏在一起，从上边看即成四个大孔洞，然后将青椒末、香菇末、蛋皮末、

火腿末分别填入四个大孔眼中,即成四喜饺生坯。

(5) 熟制:生坯放入蒸笼中用旺火沸水蒸 5~6 分钟即熟。

风味特点:造型美观、色彩鲜艳、口味鲜香。

蒸制品的特点:色泽鲜明、形态美观,膨松制品膨松柔软,带馅制品鲜嫩有汁。

三、炸

炸是将成形面点的生坯,放入一定温度的油锅中,利用油脂的传热作用使面点成熟的方法。

炸制品不仅对火候有严格要求,还要根据制品的坯料性质、成型方法、质量要求而灵活运用油温。面点的体积大小、起发与否、皮厚皮薄,与油温的高低有直接的关系。如果油温过高,会使成品表面炸焦,而内部不熟;如果油温过底,成品含油量大,并容易散碎,而且色泽暗淡。所以掌握油温是决定面点质量的关键。

1. 炸制成熟的原理

炸制法适用于很多面点品种。根据品种的要求,采用不同的油温,可以炸出各式各样的成品。

生坯投入油锅中受热后,表面的水分会逐渐挥发,内部的水分会向外扩散渗透,表面的淀粉会很快膨胀糊化,并且内部淀粉在淀粉酶的作用下不断水解,生成糊精和还原糖,但淀粉的水解作用非常短暂,很快停止。当生坯表面温度达到 70℃以上时,蛋白质变性,面坯开始定型,随着炸制时间的延长,坯内的温度迅速升高,内部的淀粉糊化,蛋白质也很快变性,面坯定型,并且淀粉分解生成的还原糖与蛋白质分解生成的含氧物发生美拉德反应,使面坯变成金黄色或棕红色,并且有特殊香味。

当生坯投入温油锅中时,生坯中油膜与淀粉颗粒间的空气受热膨胀,坯的体积增大,面坯内的淀粉颗粒吸水胀润而糊化。蛋白质受热变性成凝胶状,使坯体定型。油酥面团中蛋白质不能充分吸水,面筋形成差,面粉颗粒又被油脂和空气隔离,所以明酥制品受热后,面坯筋力不大,被膨胀的空气和水蒸气所冲破。而受热后的油脂流

动性增加,带动干油酥中的面粉颗粒进入油锅中,形成一层层的酥层。随着炸制时间的增加,外边逐渐脱水上色成熟。

因此,筋性化学膨松面团的品种,宜用热油炸制,而层酥类的品种,则应用温油炸制。

2. 炸制法的技术要点

(1) 注意油脂的清洁。油脂不洁,会影响热传导或污染制品,使制品不易成熟或色泽变差。如果使用植物油要先加热成熟,才能用于炸制食品,否则会带有生油味,影响制品风味,甚至产生大量的泡沫,使热油溢出锅外,发生火灾或造成人身安全事故。在冬季,要避免使用动物油脂,以免制品冷却后光泽变差。反复使用的油脂,颜色加深、黏度增大,会影响成品色泽和质量,要视其清洁程度及时更换新油。

(2) 正确掌握油温。油温的高低是决定面点色泽及形态的重要因素。一般情况下,油温过低,炸制的成品质地绵软、塌架、侵油、色浅、光泽度差,起发程度不理想,有个别品种还会松散不成形。油温过高,炸制的成品色泽易黑,外焦内不熟,并且会产生环状化合物,如二聚甘油酯、三聚甘油酯和烃等对人体危害较大的毒性物质,危害人体的健康。

(3) 控制油炸时间。为保证炸制品的质量,在炸制工艺中,必须根据面点的大小、厚薄、质量要求控制炸制时间。时间过短,制品不起酥或未熟,且色泽和光泽差。所以对不同的品种要有不同的处理方法,灵活运用炸制时间,力求炸出色、香、味、形俱佳的成品。

(4) 掌握好炸制时油和生坯的比例。一般情况下以 5∶1 的比例为宜,但也应根据制品的起发度和成熟时间来定,起发力大的品种,数量可适当减少;成熟时间短外形变化不大的品种,可增大生坯的投入量。

(5) 起蜂巢状的制品成形前应试炸制。在炸制的面点中,油温较难掌握的是一些要求起蜂巢状的品种,如荔秋芋角、莲子茸角、蛋黄角等。由于原料质量、油脂的多少和油温的高低会直接影响其

项目五 熟 制

形态的形成,所以在炸制这类品种前,均应在包馅成形前进行试炸,掌握油脂的使用量后才可用于大量生产。

(6) 油脂的燃点与发烟点相差不大。在炸制过程中,应控制好油温防止起火。

(7) 炸制时油锅附近不能离开凉油。若油锅起火,不能加水等,应添加凉油,使锅内油脂降温,当油温低于燃点时火会自然熄灭。

(8) 炸制时油锅中的油不能超过锅的 2/3。

例 44 大片果子

配方:面粉 1000 克,白矾 15 克,面碱 20 克,盐 12 克,豆油 300 克,水 550~600 克。

工艺流程:配料→掺水→和面→揣面→饧面→作剂→开片→熟制→成品。

制作过程如下。

(1) 和面:将白矾、碱、盐在缸盆中捣碎,投入 1/3 的水,使其溶解。到加入面粉时盆中有 90% 的水就行,加入面粉搅拌成麦穗状,再将面团撕抓均匀,并随着盖带入余下的水分将面团揣匀揣透,双手插入面团靠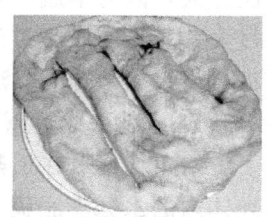
缸盆边处将部分面团带起,使其自然向缸盆边摔去,造成盆底与面底之间窝住一部分气体,产生一定的气压,使面团表皮所含的游离水通过气体的压力挤入面团内部,促进表皮光滑。摔后折叠,如此转圈摔叠,直到面团表皮十分光滑不黏手为止。饧 10 分钟后再揣叠两遍,最后将面团的表皮刷上豆油,盖上油布,饧 1 小时左右。

(2) 成形:将饧好的面团揪成 150 克/个的面剂,揉成圆形,饧 10 分钟左右,在油案上将面剂按压成直径为 40 厘米左右的圆片,再在中间划三刀。

(3) 熟制:当锅中油温加热到 200℃时,制品生坯可入锅炸制。看锅人左持手勺,右手拿一双筷子,当制品漂起时,马上用筷子点两下,当制品表面起泡鼓起时,马上翻个儿,再用筷子点两下,当

面点原料

制品表面充分鼓起时再翻个儿,使制品经三翻四炸均匀上色成熟,用手勺捞起出锅。

风味特点:金黄色或虎皮色,外酥脆内柔软起发好,具有良好的面粉和油脂的香味。

质量标准:150克一张,直径30～35厘米,金黄色或虎皮色,起发好,外酥内柔软、味香。

3. 炸制成品的特点

成品具有色泽金黄、质香、酥、松、脆等特点。

四、煎

煎是指投入少量的油在锅中,利用金属传导,热油或水为媒介进行加热,使生坯成熟的方法。

在煎制各种点心的过程中,必须掌握好火候。一般要求火力不能过大,因为半成品直接受热时,色泽变化较快。如果煎制时火力过大,容易使成品过于焦黑,达不到质量要求。所以,一般使用中火与小火相结合的方法加热。

1. 煎制法成熟原理

将生坯摆放在加热的煎锅中,紧贴锅底的温度较高,淀粉吸收坯体内的水分膨胀糊化。此时在淀粉酶的作用下,淀粉发生水解作用,生成低分子糖类。随着温度不断升高,热能传递到坯体内部,坯与馅之间的空气受热膨胀而使外形胀润饱满,体积增大。当外皮和表面温度达到75℃以上时,蛋白质受热变性成为凝胶体,使面坯定形。贴近锅底的面皮继续受热,淀粉糊化后进入脱水阶段,脱水效应由底面向中心推进,逐渐形成一层金黄色带有脆性的外皮。金黄色底部的形成是由于煎制时加热过程中淀粉和蛋白质分解,生成还原糖焦化着色,使煎制品的底部成为质脆、味香、色泽金黄的面皮。

2. 煎制法的技术要点

(1) 火力适当,使生坯受热均匀,煎制时为使生坯受热均匀,要经常转动锅底,或移动生坯位置,防止着色不匀或发黑,还要掌

握好翻坯的时机。必须在贴锅的皮金黄色时翻坯,过早或过迟均会影响制品的质量。

(2) 摆放生坯入锅要合理,一般情况下,煎锅受热的焦点是锅的中部。因此,锅烧热后煎锅的中部油温必然比四周的锅边高,因此排放生坯入锅较好的方法是从四周围向中间排放,从低温到高温,使生坯因时间上的差异而达到受热均匀。否则,中间先放生坯尚未上色的现象,影响成品质量。

(3) 煎制时油量要适宜,煎制时锅底油不宜过多,以薄薄的一层为宜。个别品种属于半煎半炸的方法,拥油量也不宜超过生坯厚度的一半,否则制品水分挥发过多,失去煎制品的特色。

(4) 水油煎一般需要加盖,并掌握好加水量,采用水煎法时,加水量及次数要根据制品成熟的难易程度而定。由于煎制过程中多次加水,通过加盖锅盖使水蒸发为水蒸气,保证蒸汽的效率能充分发挥,将制品焖熟,每加一次水都要盖上锅盖,确保成品成熟,防止出现夹生现象。

3. 煎制成熟方法的运用

煎可分为油煎、水油煎两种。油煎多用于饼类,如酥饼、麻辣饼、煎饺等,成品两面金黄色,口味香脆,水油煎是油煎的同时再加入适量的清水,利用部分蒸气传热使制品成熟,如水煎包、锅烙、盘让饼等,底部焦黄且香,颜色鲜明。

例如,煎饺子:锅热后淋上层油,由外向内排放生坯,用中火将底煎至金黄色,加水盖盖,使蒸气在锅内流动,将热量传入煎饺馅心,使饺子成熟,成为底金黄、微脆、焦香,皮柔软嫩滑,馅味道鲜美有汁的成品。

4. 煎制法的成品特点

成品具有香脆、色泽金黄、油润发亮、面皮软滑可口等特点。

5. 油煎法和水煎法的区别

(1) 用油量大小不同。油煎法是把锅底放油,均匀布满;水油煎法是在锅底淋上一层薄油。

(2) 做法不同。油煎法是把制品生坯放锅中,煎一面,煎到一

定程度,翻一个身,再煎另一面,煎至两面都呈金黄色,内外四周都熟为止;水油煎法是制品从锅的外围码起,一个挨一个,一组隔一组,一排隔一排,从边整齐码向中间,稍煎一会,火候以中火、六成油温为宜,当底部上色,洒上适量的水(或面芡汁),盖紧锅盖,使水变成蒸汽传热焖熟。

(3)特点不同。油煎制品两面金黄、香脆;水油煎制品底部焦黄带嘎,又香又脆,上部柔软色白,油光鲜明,形成一种特殊风味。

五、烤

烤又叫烘、炕,是指把制作成形的生坯放入烤炉内,通过加热过程中的辐射、对流、传导三方面的作用,使半成品定型、上色、成熟。

辐射是热源直接向制品辐射热能,它是不凭借介质,以电磁波的形式传递热量的过程。面点上部和侧面所受到热主要都是辐射热。

对流加热是气体或液体的一部分向另一部分以物理混合进行热传递的形式。在烤炉内,当制品表面的热蒸汽与炉内混合热蒸汽产生对流交换时,部分热量被制品吸收。

传导是热源通过物体把热量传递至低温部位。在面点烘烤中有两种传导:一种是热源通过炉床、烤盘、模子使面点底部或两侧受热;另一种是在面点内部,由一个质点将热量传递另一个质点,也是通过传导进行的。

这三种方式在面点烤制过程中是混合进行的,不能忽视任何一种,但在不同的烘烤过程中,这三种传热方式是也有主次。所以,要求必须熟悉烤炉的性能、规格、特点和各种制品的特色性。

烤炉的火候一般分为旺火、中火、小火三种。由于各种烤炉的形式、大小、结构不同,以及同一烤炉内各个部位火力大小程度不同,烤炉炉温比较难以控制。烤时可适当转换面点的位置,使各盘面点受热均衡。在烤制面点之前首先要了解面点的用料、制法和质量要求,才能根据实际使用不同的火候。

项目五 熟 制

1. 烤制法成熟的原理

当面点生坯放入烤炉后,面点制品表面和底部受高温作用,温度升高,面点中的水分子不断蒸发,表面的淀粉吸收水分膨胀糊化形成表皮。由于面点内部的水分向外转移较慢,形成蒸发层,随着烘的继续进行,面点内部的温度逐渐升高,蒸发层逐渐向里推进,蛋白质也逐渐变形凝固,使生坯初步定型。

由于层酥面点在加热过程中,层次张开使面点内部的水分沿酥层向外迅速蒸发,热量传递至中心较快,故层酥面点的水分会挥发较多,形成酥、松、脆的质感。

发酵面团制品,由于坯体内面筋的作用,能保持一定的水分也有效地包裹着皮内的气体,形成气室,所以制品内松软且富有弹性,表皮则形成脆韧的质感。

烘烤类面点的香气的形成是因为油脂遇热流散,面点中的气体受热便向油脂流散的界面聚结,当温度达到油脂的挥发点后,油脂中的挥发性和低沸点的物质溢出,使烘烤面点香气四溢。

2. 烤制法的技术及要点

1) 烤制的火候

(1) 小火:炉温为 150~170℃,用小火烤制出来的面点制品要求白皮或保持原色。

(2) 中火:炉温通常在 170~190℃,中火制品要求面点制品表面颜色较重,如金黄色或黄褐色。

(3) 旺火:要求炉温在 190℃以上,利用强火生产的面点表面颜色较深,如枣红色及红褐色等。

2) 生坯摆放的行距

生坯摆放应有一定的间隔距离,要留出制品加热膨胀后所需要的空间,以免互相粘连,防止摆放过密或过疏而影响制品底面的着色。若摆放过疏,热量过于集中生坯上,会使制品底部焦煳;摆放过密,又会令生坯受热减少,着色不均匀和成熟时间加长。

3) 炉温适当

大多数品种外表受热 150~200℃为宜,即炉温保持在 200~

面点原料

250℃。过高过低都会影响制品质量，过高外壳容易焦煳；过低既不能形成光亮金黄的外壳，也不能促使制品内部成熟。

4）调节炉温

大多数品种都是采取"先高后低"的调节方法，即刚入炉时，炉火要旺、炉温要高，使制品表面达到上色的目的。外壳上色后，就要降低炉温，使制品内部慢慢成熟，达到内外一致成熟的目的。这样，才能外有硬壳，内又松软。但有的"先低后高再低"，有的是用中火、有的底火大，面火小等，要根据具体品种而定。

5）烤制时间

烤制时间要根据品种的体积大小而定。在烤制时若内部热度不高，要使内部成熟，一般要维持5～15分钟，薄、小的品种时间短，厚、大的品种时间长。如酥松、酥脆的制品需要将水分挥发，烘烤时间应长些；柔软的制品烘烤时间应短些。总之，要按内部成熟的需要，控制烤制时间。

6）面火、底火的调整

要使面火升高，可调烤箱的上下炉温的调节控制开关。有的制品表面不需要颜色，烤制时盖纸或烤盘。有的底火太大，烤时宜焦煳，底部可多放一层烤盘，避免温度过高。

3. 烤制成熟方法的运用

例如，戚风蛋糕：烤蛋糕要使用中上火，入炉后较高的温度令糕体内的气体受热膨胀，并使外形迅速稳定，由于蛋糕是疏松起发制品，所以其热量的传导较快，以成熟后保持一定的湿润性为佳。

例如，松脆核桃酥：应先用中火入炉，让饼身稍熟后改用中小火烤至松脆，才能符合质量要求。由于核桃酥使用油糖量较重，若先用旺火容易使成品变黑，外焦内不熟；若一直用小火，色泽、光泽、形态都较差。

4. 烤制成品的特点

成品具有色泽鲜明、形态美观、口味较香、外酥脆、内松软或外绵软而富有弹性等特点。

项目五 熟 制

六、烙

烙就是把成形的生坯直接放在金属锅内，用电或煤气等作为热的能源，通过金属直接传导热量，使制品成熟的方法。烙的方法可分为干烙、刷油烙、加水烙三种。

干烙：是指面点生坯表面和锅底既不刷油，又不加水，直接烙熟。这种制品成形时多加入油、盐，烙成味道甚美，无油、盐的制品也松软可口。

干烙的方法是锅先预热（如凉锅放生坯，就会黏底），再放生坯。根据不同的制品，采取不同的火候，如薄的饼类（春饼、单饼），要求旺火；中厚饼类（发面饼等），要求中火。薄饼的特点质地柔软、筋道、便于卷叠等，厚饼具有外皮香脆、内质软嫩的特点。

刷油烙：是先将金属锅加热到所需温度，再淋上少许的油，放入制品的生坯进行烙制，经"三翻四烙"，第一翻时饼面淋少许的油，第二翻、第三翻饼面刷油，每翻间隔2~3分钟，使其两面受热均匀，烙制成熟。制品的特点是色金黄，皮面香、酥、脆，内部柔软有筋性等，如盘瓤饼、草帽饼、馅饼等。

加水烙：加水烙使用蒸汽和锅联合传热的熟制方法，烙制方法与水油煎相似。在干烙的基础上进行，但只烙一面至金黄色后加水盖盖，利用蒸汽传热作用使制品完全成熟。制品的特点是底部香脆、上部柔软。如锅烙、水煎包。

1. 烙制法成熟的原理

烙制法成熟的原理与烤制法和煎制法相似，主要是利用金属直接传导热量，使生坯至熟。高温下干烙上色，原因在于紧贴于锅底的淀粉水解出的低分子糖类发生焦糖化作用。

2. 烙制法的技术要点

（1）烙锅必须干净。无论采用哪种烙制方法，都必须将其清理干净，它直接影响到成品色泽和质量。

（2）火力要均匀。烙制面点采用电炉或煤气炉较好，因其炉火均匀，锅的四周与中心温度相近，烙制面点的色泽一致。若炉火不

面点原料

均匀,需经常移动锅位和制品位置,行业称之为"找火",所谓"三翻四烙""三翻九转"等,都是指不同品种"找火"的操作方法。一般来说,制品下锅,正面朝下、剂口朝上,烙到一定程度(2~3分钟),翻个身,正面朝上、剂口朝下,再烙到一定程度(2~3分钟),还要翻身,经过三次翻身,四次烙制使制品两面受热均匀、成熟一致,一般烙制品都要经过这个过程。还要不断转动,如体积小的烧饼等,就要把放在中间烙的转到边上去,把边上烙的转到中间来。"九转"即直接转动制品或直接转移锅位。

(3) 选用优质油。烙油宜用清洁油,若油质不够清洁,则油内的杂质会影响制品的成熟和外表色泽。

(4) 加水烙要掌握加水方法。加水烙是在干烙的基础上加水,但加水是要先加在金属锅温度最高的地方,使水汽化产生蒸汽,并迅速加盖。一次加水不可过多,否则蒸汽生成受影响,制成品色泽变差。

3. 烙制成熟方法的运用

例如,烧饼:将成形后的饼坯放入锅内,用中小火烙至两面焦黄成熟。其中翻动次数要遵循行业中"三翻四烙""三翻九转"的要诀。

例如,馅饼:将上馅成形的馅饼放在已烧热淋油的锅内,烙制浅金黄色便可翻转,再刷油进行烙制,直至将生坯烙至色泽金黄、皮面油量香脆、成熟为佳。

例如,盘瓤饼(加水烙):锅烧热,放入成形的饼坯,中小火烙制至底部金黄,加水后迅速盖盖,经"三翻四烙",直至把饼坯烙熟。

4. 烙制法的成品特点

成品具有皮面香脆、内部柔软或酥松、色泽美观等特点。

七、炒

炒是将加工成形的小型原料,投入少量的油锅中,在旺火的急速翻炒下成熟的烹调方法。

项目五 熟 制

1. 炒制法的成熟原理

当半成品落锅后,通过不断地炒动,利用锅面的金属传递热量,制品相互之间也进行热的传递,逐渐将坯体加热至熟。

2. 炒制法的技术要点

(1) 旺火速成、火力均匀能使炒锅中的原料迅速受热成熟,可减少营养素的流失,使制品色彩鲜明、质地滑嫩。

(2) 勤于翻动,避免粘锅焦煳。由于炒制品一般火候较旺,所以炒制时应多翻动原料,使其受热均匀,避免粘锅炒焦。

(3) 掌握成熟度,炒的特点是温度高、时间短。因此,炒的速度较快,必须在成熟的过程中,准确地掌握火候,才能炒出优质的制品。

例 45　生炒糯米饭

将糯米洗净,装入盆内,加沸水,用棒搅匀,加盖,约 5 分钟,再用清水冲洗米表面的胶质,滤干水分,摊开,待米身稍干后,宜用铜锅或不锈钢锅炒熟。炒时先用中上火加热,后用小火,在炒时加入汤汁盖盖。反复两次以上,炒至饭将熟,分两次加入熟猪油炒匀,最后加入炒熟的配料炒匀即可。

炒制法的成品特点:色泽鲜明,油润,味香浓郁。

八、复加热法

复加热法:是制品需经两种或两种以上单加热方法加热使制品成熟的加热方法。它与单加热法不同处是在成熟过程中,往往要与烹调方法配合使用。复加热法一般分为两大类。

一是先蒸或煮再经过煎、炸、烤、烙等方法成熟的,如油煎棒馍、金馒头、烤馒头、薯蓉饼等。

二是先将制品通过蒸、煮、烙成半成品,再加调味配料烹制成熟,如盖浇饭、炒面、烩饼等。这些方法与烹调结合在一起,变化很多,需要有一定的烹调技术才能掌握。

面点原料

例 46　肉丝炒面

将煮熟的面条滤去水分,放入少许盐和油拌匀。将锅烧热,加入适量的油,下入面条,用中火翻炒至面条两面呈金黄色,装入盆内。另炒熟肉丝,配料,调味,铺在面条上即可。

任务 5—3　掌握熟制的标准

面点成熟的质量标准随不同品种而异,但从总的方面来看,仍然是色、香、味、形等四个方面内容,其中色与形指的是面点的外观,香与味指的是面点的内部质量。

(1) 外观:大多数制品的外观包括色泽和形体两个内容。所谓色泽指食品表面颜色与光泽而言。无论何种面点的成熟都应达到规定要求。如蒸的制品,颜色不欠、不花、光润均匀;醉面制品,要碱正色白;炸、烤的制品,一般要达到金黄色,色泽鲜明,没有焦煳和灰白色。所谓"形体"是对制品外部形态而言,要求制品形态要符合制作要求,饱满、均匀、大小、规格一致,花纹清晰,收口整齐,没有伤皮、露馅、歪斜等现象。

(2) 内质:包括口味和内部组织两个指标。口味方面,一般要求是香味正常,咸甜适当,滋味鲜醇,任何面点都不应该有酸、苦、过咸、哈喇等怪味和其他不良口味。在内部组织方面,符合规定的要求,如爽滑细腻、松软酥脆等,不能有夹生、黏牙以及被污染等现象。包馅心的品种,包馅位置正确,切开后,坯皮上、下、左、右、厚薄均匀,并保持馅心应有的特色。

(3) 质量:面点成熟的质量,主要决定于生坯的分量准确。在熟制中,有些制品吸收了水分(如蒸、煮制品),熟品分量大于生坯分量,有些制品则水分挥发(如烤烙制品),熟品分量小于生坯分量。对容易失重的面点,在熟制时应掌握好火候和加热时间,避免失重过多,影响质量。

项目五 熟 制

复习思考题

一、名词解释

(1) 熟制；　　(2) 煮；　　(3) 蒸；　　(4) 煎；
(5) 炸；　　(6) 烤；　　(7) 烙；　　(8) 干烙；
(9) 刷油烙；　(10) 加水烙；(11) 炒；　(12) 单加热法；
(13) 复加热法。

二、问答题

(1) 熟制的作用是什么？
(2) 煮的成熟原理是什么？
(3) 煮制品的特点是什么？
(4) 煮制法的制作要点是什么？
(5) 蒸制成熟的原理是什么？
(6) 蒸制法的技术要点是什么？
(7) 蒸制品的特点是什么？
(8) 炸制法成熟的原理是什么？
(9) 炸制法的技术要点是什么？
(10) 炸制成品的特点是什么？
(11) 煎制法成熟的原理是什么？
(12) 煎制法的技术要点是什么？
(13) 煎制成品的特点是什么？
(14) 烤制法成熟的原理是什么？
(15) 烤制法的技术要点是什么？
(16) 烤制品成熟特点是什么？
(17) 烙制法的技术要求是什么？
(18) 烙制品的成熟特点是什么？
(19) 炒的技术要求是什么？
(20) 炒制法的成品特点是什么？

项目六 米类制品

任务 6-1 米的种类、选购与储存

一、大米的种类

制作面点的大米有粳米、籼米、糯米等。一般既可磨成米粉后使用，又可直接做成米饭或粥，我国用米类制作面点比用麦类的历史更为早。

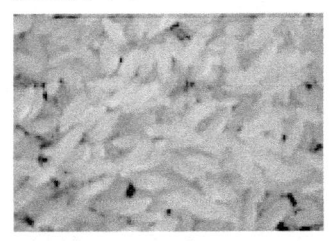

（1）籼米：籼米的特点是硬度中等、黏性小、胀性大、色泽灰白、半透明，呈细长形。适用于做干饭、稀饭。做干饭出饭率高。主要产于四川、湖南、广东。

（2）粳米：粳米的特点是硬度高，呈丰满的短圆形、色泽蜡白、半透明、黏性低于糯米，胀性大于糯米。适用于做干饭、稀饭。做干饭出饭率中等。主要产于东北、华北（天津）、江苏。

（3）糯米：糯米的特点是硬度低、黏性大、胀性小、色泽乳白不透明，但成熟后有透明感。糯米中凡米粒阔扁，呈圆形者，黏性较大；一般细长者，黏性较差。糯米除可制作做干饭、稀饭之外，还可做八宝饭、粽子等。主要产于江苏南部、浙江等地。

二、谷粒的结构

谷类虽然有多种,但其结构基本相似,都是由谷皮、糊粉层、胚乳、胚芽等四个主要部分组成,分别占谷粒总质量的 8.08%～10.28%、3.25%～9.48%、78.33%～83.96%、2.22%～4%。

谷皮为谷粒的最外层,主要由纤维素、半纤维素等组成。含有一定量的蛋白质脂肪和维生素,以及较多的无机盐。

糊粉层在谷皮与胚乳之间,含有较多的磷、丰富的B族维生素及无机盐,可随加工流失到糠麸中。

胚乳是谷类的主要部分,含淀粉(约74%)、蛋白质(10%)及很少量的脂肪、无机盐、维生素和纤维素等。

胚芽在谷粒的一端,富含脂肪、蛋白质、无机盐、B族维生素和维生素E。其质地较软而有韧性,加工时易与胚乳分离而损失。

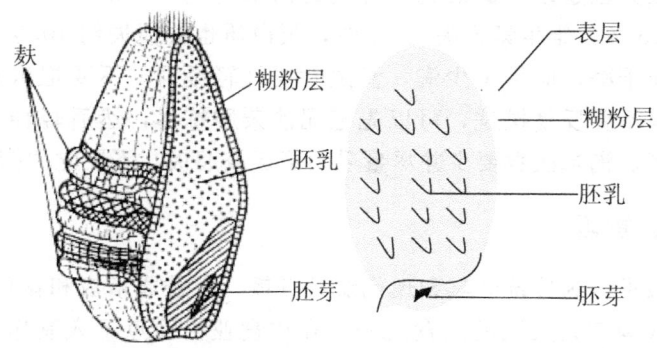

三、大米的选购和储存

1. 选购

现在市场上米的品种非常多,选购米的标准有以下三个:

(1) 富有光泽,糠屑少,无虫害、无杂物、无发霉、无粘连、无结块,为质量好。

(2) 米粒形整齐、饱满、均匀、碎米少,为质量好。

(3) 米上"腹白"(指米粒上呈乳白色不透明的部位)少或基本

面点原料

没有,为质量好。籼米应选粒形细长、扁圆、色灰白、半透明的;粳米应选粒形短圆、色蜡白、透明或半透明状的;糯米应选色乳白、不透明、硬度低的,粒形应以体大形圆者。

2. 储存

(1)防霉防潮。将米装入布袋内,扎紧后置缸内,隔一周翻一次。

(2)防虫。用少量花椒和数枚大蒜头包扎好,放入米袋中。

任务 6-2 煮饭和熬粥

一、大米的清洗

大米中的矿物质和维生素易溶于水,淘的次数越多,搓洗越重,它们的损失也越多。据研究,普通的白米淘洗了 3 次以后,矿物质损失约 15%,维生素损失约 40%,蛋白质也会损失约 10%。因此如果米质干净,应尽量少淘,淘洗时要轻轻搓揉。不要把米长时间浸泡,也不要反复搓洗,可以先把泥沙杂质拣尽,然后轻轻淘洗一遍就行了。淘米次数要少并尽量采用蒸饭或焖饭,不要吃"捞饭"。

二、煮饭

煮饭可分为传统炊具和现代炊具煮饭;有普通米饭和花色米饭。煮饭是我国广大人民的主食之一,在饮食业由面点工人制作,是面点技术的组成部分。

(一)传统炊具煮饭

1. 普通米饭

使用粳米、籼米,经过淘洗,放入适当水量,加热熟制而成。因熟制方法不同又可分为蒸饭、焖饭、蒸焖饭和煮蒸饭(行业叫做捞饭)等几种。但无论何种方法,均要加入适当的水量,使米的颗粒吸收水分而膨胀,成为质软味美的米饭。在加热过程中,火候和水量的具体掌握,是决定米饭质量的主要关键。但水量的多少、火

项目六 米类制品

候的大小并无统一的标准,应根据米的不同品种的涨发性能而定。一般涨发性强的陈米、粳米及颗粒较小的籼米加水量应多些,张发性差的新米及颗粒较大的米(如小站米)加水量应少一些。至于使用的火候则应根据加热时米对水分的吸收情况而定。如煮饭初期加热时,锅中水分较多,应用旺火,烧至水沸腾并被米充分吸收后,即应改用小火,要针对具体情况灵活掌握,才能制出香软可口的饭食。下面要介绍几种制法。

(1)蒸饭:米淘洗后,放在碗、盆或蒸桶中(特制木桶),加水上蒸笼蒸熟。蒸饭的特点是:颗粒松爽,营养成分保留较多,火候和水量较易掌握。需要注意的,就是针对不同性质的米,适当加水(一般每千克米加水 1.5~1.7 千克);蒸锅放入大量的水,用旺火烧开,一次蒸熟。

(2)焖饭:把米洗好放在锅中,加入适量的水,先用旺火烧沸,再用小火焖好。但必须掌握好水量与火候,否则容易产生过软、过硬,甚至夹生、焦煳等现象。一般焖饭在锅底上都结有锅巴,出饭率较低,但饭粒柔软、口味香馥。若在熟制过程中(即在小火焖的时候),用铲将米饭底层铲起,适当在浇些米汤焖熟,就不结锅巴,出饭率较高,但香味较差。

(3)蒸焖饭:具有蒸饭、焖饭的双重特点,经过一蒸一焖,涨发较透,出饭率也较高,操作起来比单蒸和单焖较为复杂。具体做法是:先将米淘洗干净,滤去水分,上屉(屉上铺笼布)用旺火蒸熟、出屉,趁热下入开水锅(水量要漫过米饭 2~3 指),焖煮,见成粥状,改用小火焖约十几分钟,待米胀足即成。特点是柔软、清爽。

(4)煮蒸饭:即捞饭,一次可加工大量成品,而且制成米饭,饭粒清爽、饱满、松散、柔软,是饮食业的主要制饭方法。缺点是丢弃米汤、营养损失较多,具体做法是将米洗净后,先放入热水锅内(如放入凉水锅也可,但米粒发粉),用旺火煮,待水煮开米略有胀发时(用手一研,稍有硬心),即行捞出(捞饭前锅内先打凉水、冲散米浆),放入蒸笼内用旺火急气蒸熟即成。注意问题如下:

面点原料

第一,水量充足。捞饭在煮的过程中和蒸饭、焖饭不同,要用较多的水。蒸、焖饭的加水量要适当,经过加热,被米粒全部吸收(即没有米汤);捞饭所用的水,主要使米粒胀发,水量少量,胀发不够,也发生互相粘连现象,捞出的饭,就不清爽。所以,捞饭用水量大,当米粒胀发后,捞出,再把米汤倒掉,这是捞饭的一个关键。至于水量多少,根据下锅的米粒而定,一般是米量的两三倍以上。

第二,注意胀发。捞饭好、坏全在于胀发如何,胀发不够,就可能出现"夹生"现象;胀发过久,则饭质太烂。所谓胀发,行话叫做"伸腰",也就是米粒在热水中,受热吸水,膨胀伸开。因此,在煮的过程中,要经常用铲翻动,使所有米粒均匀受热吸水膨胀,这也是捞饭必须加以注意的一个问题。

第三,火大气足。米粒伸腰后上屉蒸制时,必须火大气足,才能蒸透。如果在蒸制过程中,火力跟不上,蒸汽不足,就严重影响米饭的质量,甚至蒸不熟。在蒸的过程中,一定保持火大气足,还要有盖好屉盖,边缘漏气部位还要用布塞好,使米饭得到充分蒸汽而蒸透。

2. 花色米饭

花色米饭是饮食业经营的主要品种,如炒饭、盖饭、菜饭和甜味的八宝饭等。

1) 炒饭

炒饭品种很多,加入什么配料,即叫什么炒饭。加入鸡蛋叫鸡蛋炒饭,加入肉丝叫肉丝炒饭。炒饭的特点是:爽口、柔软、鲜香。熟制时注意三个问题:第一,炒饭重要的质量标准之一,就是炒出的饭必须粒粒分开,不粘不连。因此,作为炒饭原料的米饭,在蒸煮时,不能软烂(行业叫做"干饭"),否则,就严重影响炒饭的质量。第二,炒饭要反复煸炒,炒匀炒透,必须炒出香味。第三,炒饭是菜饭同食,加盐适当,调好口味,防止口重。常见的几种炒饭如下。

(1) 鸡蛋炒饭:一般用料是:米饭200克、鸡蛋1个、油25

项目六 米类制品

克、葱花和盐适量。具体做法是,将鸡蛋打入碗内,搅匀,油下勺烧热,放入鸡蛋炒熟,炒碎;随即加入米饭、葱花、盐一起翻炒,煸炒均匀,即可盛盘。食时外带高汤。

(2)肉丝炒饭:在用料上和鸡蛋炒饭方法相同,把鸡蛋改为肉丝。一般炒200克米饭,用50克肉丝即可。具体做法是,先把肉丝稍加煸炒成熟,放入米饭、葱花、食盐同炒均匀,盛盘即可,也要外带高汤。

(3)什锦炒饭:配料较多,一般要用10种以上,如猪肉、火腿、鸡肉、虾仁、干贝、海参、香肠、海螺肉、玉兰片、豌豆、蛋皮(或丁)等,实际上只用五六种。投料标准各地也不完全相同,所以"什锦"并不是死规定,是指多种配料而言。什锦炒饭的做法是:首先将各种原料切成丁,下锅用油炒熟,随后加入米饭、葱花、食盐等翻炒均匀,炒散炒透,炒出香味,盛入盘内即成,食时带高汤,口味鲜香。

2)盖饭

就是将配料烹制后,不与米饭同炒,浇在米饭上即可。盖在饭上的菜肴,要求鲜香、味厚、勾芡,食时拌和均匀。盖饭品种很多,如咖喱牛肉盖饭、咖喱鸡块盖饭。咖喱牛肉盖饭的具体做法如下。投料标准为:米饭200克、熟牛肉50克、熟土豆25克、洋葱头25克、咖喱粉7.5克、味精0.6克、黄酒、盐、鸡汤、湿淀粉少许。米饭盛入盘中,熟牛肉切成块,土豆切滚刀块,洋葱头切小块。锅架火上,放入猪油,油热放入洋葱,煸炒香味,下入咖喱粉,再炒出香味,放入鸡汤,放入牛肉和土豆块,加入黄酒、盐、用小火靠透,汁见少时,勾芡,盛出,浇到饭的一边,味道鲜美、香味浓厚、色泽油黄。

3)菜饭

一般做法与焖饭相同,在焖饭时,当米粒胀发、水分快干时,伴以配料,盖上锅盖,小火焖熟,但必须是在水分快干时投入配料,防止菜烂变色。一般配料是青菜或肉丁,加适量的盐和味精,用猪油略炒一下即可。有些菜饭采用细致的蒸制法,风味独特。如广式

 面点原料

荷叶饭,即用生荷叶包米饭和馅蒸制而成。这种菜饭,先用好大米放入碗内,加水和猪油,用旺火蒸熟,饭质清爽、利落、松散,蒸好晾凉,拌入各种调味料(如盐、酒、油等)。馅料种类很多,常用的有蟹肉、瘦猪肉、叉烧肉、鸭肉、虾肉、鸡蛋、鲜蘑等,均要炒熟、勾芡。然后将饭、馅拌在一起,用荷叶包成包袱形,摆放在屉内,架在锅上,旺火蒸透取出,揭开荷叶食用,清香、味鲜、可口。蒸制荷叶饭的关键在于火候,要保持荷叶色泽碧绿和特有的荷叶香味,达到饭馅香熟,必须采用单笼、旺火、速蒸,时间不能超过6~7分钟,才能保证荷叶饭的色、香、味。

4)糯米饭

糯米饭又叫八宝饭,配料(主要是果料)较多,色彩艳丽,味道甜、黏、油润,别有风味。具体制法是:制作糯米饭,除糯米外,配料有白糖、熟猪油、桂圆肉、蜜枣、豆沙、青红丝、桂花、糖莲子、葡萄干等。在制作过程中,首先要选择质量好、糯性重的糯米,经过淘洗干净,放在冷水中浸泡2小时,捞出再用清水冲洗,沥干,松散地放入垫有衬布的蒸笼中,用旺火蒸约20分钟左右,米成玉色时,在米上面喷些冷水(使表面米粒湿润),继续蒸约5分钟,即可倒入缸盆内,放入适量白糖、熟猪油及适量的开水,搅拌均匀。然后,将碗内四周及碗底涂抹一层熟猪油,把桂圆肉、蜜枣、青丝、红丝等加工切制,铺于碗底,摆成色泽鲜艳美观的图案;再将部分熟制糯米饭放入碗内的图案上(切勿破坏和移动图案形状)薄薄铺上一层,中间放适量的豆沙馅,最后再铺上剩下的糯米饭,用手沿碗口按平,装入笼屉,以旺火蒸约1小时左右即可。吃时倒扣入盘中,表面显出美丽图案的八宝饭;八宝饭制成后,锅内放入冷水、白糖、熬化(不能变色),勾稀芡,浇在饭上,在撒些青红丝。

3. 粽类

用粽叶将洗净泡好的糯米包紧,加热煮熟。风味品种很多,但制作的一般要点是:第一,粽叶必须煮软,才便于包裹。包时粽叶要一反一正(毛的一面背对背),保持两面光洁。第二,糯米要洗净、泡透。第三,粽子成形样式很多,一般为四角锥形,包法前面

项目六 米类制品

讲过。关键是要包紧，捆结实，煮时不进水，好储藏，否则容易进水，影响滋味（尤其是带馅的），也容易变坏。第四，下锅煮时，先放入冷水，上面压上重物，水量要足，水要没过粽子二三寸，旺火泡煮两三个小时，翻锅。再煮一次，煮熟、煮透，注意不能煮干水。第五，只包糯米的，叫白粽子，食时，剥开粽叶蘸糖吃。若包进其他配料的，由配料定名字，包红枣的叫红枣粽子，包豆沙的叫豆沙粽子，包火腿的叫火腿粽子，包咸肉的叫咸肉粽子。第六，粽子供应一般只有节令前后几天，但数量很大。所以制好的粽子要用冷水浸泡，放于阴凉处，并每天勤换清水，可以保持较长时间不坏。现介绍南方鲜肉粽子制法如下。

用料为：糯米 5 千克、夹心猪肉 1.5 千克、酱油 430 克、白糖 50 克、盐 65 克、味精 10 克、黄酒 75 克，制成粽子 100 个。先将猪肉切 100 块，每块 15 克有肥有瘦，用黄酒 75 克、酱油 180 克、盐 15 克拌匀腌制。糯米淘洗干净、控干、加酱油 250 克、盐 50 克拌和均匀。包时先放三分之一的米、加上肉块，再放三分之二的米，包成四角形、扎紧，煮熟即成。

（二）现代炊具煮饭

1. 电饭锅煮饭

用其他容器将米洗干净，按米和水 1∶1.5 的比例倒入锅内，并左右转动几下，把米转匀，使其与电热盘紧密结合。接通电源，按下按钮，电饭锅开始工作，待指示灯灭后，说明饭已煮熟，但这时仍要利用余热焖 10～15 分钟。注意：不能直接在内锅中洗米，以免将内锅碰撞后变形，影响使用性能。用电饭锅煮粥时，要及时将锅盖取下，或将锅盖移开一条缝，以防米汤溢到锅外。

2. 微波炉煮饭

先将大米浸泡一定时间，然后放在微波炉中加热，可以缩短煮饭时间。微波炉煮饭所需要的水分比常规的少，一般不会夹生。饭太硬可加些水再煮，饭太烂，可开了盖子加热，使水分蒸发掉。

（三）米饭夹生及串烟的补救方法

米饭夹生的补救办法是：米饭若全部夹生，可用筷子在饭内扎

面点原料

些直通锅底的小眼,加适量的温水重新焖一会。局部夹生,可在夹生处扎眼再焖一会。表面夹生,可将表层翻至中间再焖。也可用小块木炭烧红,盛在碗中,放入饭锅内,将盖盖好,十几分钟后揭开锅盖将碳碗取出。

当饭串烟时,把一根长约2寸的葱插入锅里,再盖上锅盖,过片刻,串烟会消除。饭有了焦味不要搅拌,可将锅放在潮湿的地方,10分钟后就没有烟熏气味了。

(四)用生冷自来水煮饭是不科学的

因为自来水中含有一定数量的氯气,在烧饭过程中,会大量破坏粮食中所含人体不可缺少的维生素 B1。用烧开的水,氯气已随水汽蒸发掉了,粮食中维生素 B1 就可免受损失。

三、煮粥

粥就是用较多量的水加入米中,煮至米粒充分膨胀,汤汁稠浓而成半流质食品,因此也称稀饭。制粥时,均应一次加足水,才能达到稠稀均匀、米水稠和的要求,同时,水沸后才能下米。粥种类也很多,一般分为普通粥和花色粥两类。

1. 普通粥

普通粥分为煮粥、焖粥两种做法。

煮粥:先将米淘洗干净,放在冷水中浸泡5~6小时(或夜浸晨煮),每斤米加水约6斤,旺火煮开焖透即成。另一方法是:米洗净之后不再浸泡,煮时每斤米加水约10斤,先用旺火滚开,改用小火煮至粥汤稠浓。先浸后煮可缩短煮粥时间,但浸米时要有一部分养分溶解与水中。

焖粥:米洗净后,加入冷水,用旺火加热至沸腾后,即装入有盖的木桶,盖紧锅盖,焖约2小时即成,焖粥味较香。

若使用炉火不方便,可采用热水瓶煮稀饭:先把米淘洗干净,米约为热水瓶容量1/4,放入热水瓶后,灌入刚刚沸腾的开水,水面离瓶口约3~4寸,焖约4~5小时即可熟透。

2. 花色粥

花色粥品种繁多，咸、甜口味均有，配料丰富多彩。做法也分为两类：一类配料与米同时煮焖，如绿豆粥、红豆粥、腊八粥等；另一类即煮好粥后冲入各种配料，以广式咸味粥品种多、风味全，常见的有鱼片粥、鱼蛋粥、肉丝粥等。

鱼片粥的制法是：先将新鲜的鱼整理后，切成薄片，加姜末、葱花，放入碗底；将粥熬好烧开，加入适量的猪油、味精、盐等调料，调好口味，冲入鱼碗，调拌均匀，即鱼片粥。肉丝粥的制法是：选用嫩里脊肉切成丝，用蛋清、盐抓匀，上锅滑散，盛入碗内，米粥熬好烧开，加味精等调料，调好口味也盛入碗内，把炒好的肉丝盖上即可。花色粥也像花色炒饭一样，加什么配料，就叫什么粥，如肉松粥、鱼松粥、虾仁粥、蛋松粥等。

3. 熬粥宜选用大米

如果能加 1/3 的糯米，熬煮的粥会更浓稠。熬粥应先用大火烧沸，再用小火慢慢熬至所需的稀稠度。

4. 煮粥时要注意的问题

煮粥时要注意以下几点，以防粘锅。

（1）淘好的米应立即下锅，不要久置。

（2）熬煮时不宜添加水。如用电饭锅熬粥时，水应少些，时间要长些。

（3）粥烧开后不要用旺火继续烧，应用小火慢慢熬。

（4）熬粥时不要加碱，否则会使维生素 B1 和维生素 B2 受到破坏。

（5）熬玉米类粥时要加碱，因为玉米中所含的烟酸而不是单独存在的，是和其他物质结合在一起，很难被人体吸收利用，人的膳食中长期缺乏烟酸可能患皮肤病，所以在煮玉米粥类、做窝头时适量放些碱，使玉米中结合型烟酸释放出来，变成游离型烟酸，才能被人体充分利用。

 面点原料

复习思考题

一、名词解释

(1) 普通米饭；(2) 粥。

二、问答题

(1) 选购大米的标准有哪些？

(2) 储存大米需要注意什么？怎么注意？

(3) 煮饭时怎样清洗大米是正确的？

(4) 用粳米煮饭时，每千克米的吃水量是多少？

(5) 米饭夹生怎样补救？

(6) 米饭串烟怎样处理？

(7) 用生冷自来水煮饭为什么说是不科学的？

(8) 熬粥时为什么一般不要加碱？

(9) 熬玉米类粥时为什么要加碱？

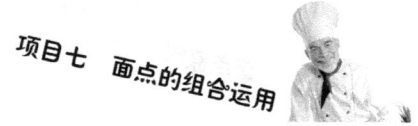

项目七 面点的组合运用

任务7—1 面点组合的运用

中式面点种类繁多，花色各异，在其发展演进的历史进程中，从单纯的用于果腹逐渐演变为用来品鉴、消遣、交际，烘托场面气氛，用于满足人们精神消费的需要。如此，才使得中式面点具有了今天这样一种繁盛的局面，面点的组合运用便是中式面点的文化意蕴的具体表现形式。

一、面点的组合的意义

面点组合是根据一定的饮食意义和功能目的，按照特定的工艺标准和规格要求，从面点的品种用料，质和量、色和形、味和香、滋质等方面进行有效组配的工作。面点的这种组配工作，不是仅仅在品种和数量上的搭配，而是在首先考虑其饮食功能目的和就餐意义的前提的条件下，对面点的品种、数量、色、香、味、形、滋质及盛器具等进行最合理有效的优化搭配，使人们在品尝美味、满足味觉同时，得到赏心悦目的精神享受；从色彩、形态、材料、质感等方面产生美感；从风格、种类、品种特色方面体现饮食文化；从材质的选择、变化、运用上，以及产品数量的增减中，体现烹饪自身的科学性、技术性和艺术性。虽然在实际运用中，面点的组合最终归结为品种、数量和风味特色的搭配，但就这样搭配的内在含义而言，它包含了上述几方面的内容。

面点组合的意义是饮食的意义和功能性目的。因此，无论哪种形式的面点组合都不能离开其所针对的实用意义和功能性目的。面点作为饮食产品，其最原始的功能是为了充饥果腹。在此基础上，随着人们生活水平的提高，不但要吃得饱、吃得好，而且要吃得合

理、吃得科学，这样面点的功能意义便逐步扩大了。随着这种功能意义的逐渐扩大，单一品种、单一产品似乎不能完全承担这种功能任务。只有增加品种，多样产品进行组合搭配才能达到所要求的功能性目的。

将不同品种的各种面点组合到一起后，这组面点就具备了以下几个方面的意义。

（1）丰富就餐内容。面点品种多化、口味多样化、营养成分多样化。

（2）增加文化内涵。中式面点历史悠久，在其漫长的发展中，凝聚了千百万劳动人民的智慧与创造，融入了人们许许多多美好的情感、向往与寄托。例如，饺子、粽子、元宵、八宝粥、月饼、长寿面等，都有着自己寓意及典故。由于中式面点东西南北各地在选料、技法和工艺处理上各有特点，形成了各自的风格，带有各地域的风俗民情，因此将风格各异、花色不同的面点加以组合，就能增加饮食文化的内涵。

（3）满足人们物质和精神上的需求。面点组合给人们就餐提供了丰富的文化内涵，烘托了宴席气氛，增加了饮食情趣，在人们一饱口福的同时，得到了精神和文化上的享受。

（4）促进烹饪技术的交流与创新，发展弘扬饮食文化。不同地域风味和不同面点风味组合运用，会不断促进烹饪技术的交融与创新，在不断交流、借鉴、发展和创新中，使传统的饮食文化得到进一步弘扬光大。

（5）促进餐饮市场的繁荣和发展。面点组合需不断更新，进而促进烹饪技术的发展与创新，使新产品不断涌现，使市场供需发生新的变化，从而促进餐饮市场的繁荣和发展。

二、面点组合的运用

面点组合运用的形式很多，但组合的功能目的决定其具体组合运用形式。在诸多形式中，以宴席面点、全席面点、茶市面点、季节点心、星期美点、会议点心等组合运用较有代表性。

项目七 面点的组合运用

1. 宴席面点

宴席面点即在宴席中与菜肴融合为一体,具有一定规格、质量的,能适合客人不同需要的一组面点。

1) 宴席面点的特点

(1) 用料广泛、选料精细、配料讲究;

(2) 设计精巧、工艺精细、造型优美;

(3) 口感多变、馅味丰美、成熟多样;

(4) 讲究数量、注重质量、小巧玲珑;

(5) 特别讲究色、香、味、形、器、滋质;

(6) 可组合的面点种类多、范围广;

(7) 面点的组合与运用必须与宴席的总体要求一致,与菜肴协调;

(8) 围绕宴席规格设计组合,具有衬托突出宴席主题的作用。

2) 宴席面点的组合与运用应遵循的原则

由于宴席面点的组合要与宴席菜肴衔接,适应其特点,还要与宴席的规格档次、就餐者的身份和用餐时的季节变化等相协调,同时应与本席其他点心口味、成熟方法、花样色彩等相配套。宴席中每一道面点的配备,既要有独具的特点,又要有统一的格调。一般应遵循的原则如下。

(1) 与宴会规格保持一致性,高档宴会一般配 4～6 道。高档宴会配花色面点多些,低档宴会配置则少些。

(2) 多样性。要求口味多样,注意甜咸搭配、荤素搭配、干稀搭配;造型方式多样,避免雷同;成熟方法多样,各种成熟法兼顾使用,确保口感的变化和多样性。

(3) 灵活性。根据客人的饮食习惯、民族风俗、职业、年龄、性别,根据主人设宴的目的,以及季节时令的变化灵活安排配置。

3) 面点在宴席中的配置比例

宴席一般有冷菜、热菜、面点、果盘等一整套菜点组成。在整体安排上,各类菜点的成本在整个宴席成本中各占一定的比例,以保持整个宴席中菜点档次和质量的均衡。可参考的配比如下。

(1) 普通宴席：冷盘约10%、热炒大菜约80%、面点约10%。

(2) 中档宴席：冷盘约12%、热炒大菜约75%、面点约13%。

(3) 高档宴席：冷盘约15%、热炒大菜约70%、面点约15%。

2. 全席面点

全席面点即整台宴席几乎都为面点，它是集各类风格流派和地域风味特色面点的长处为一席的，根据人们就餐的目的，充分发挥技术人员的技术特长，从众多面点品种中精选出来，加以巧妙设计和组配，具有一定规格质量的面点。

全席面点从各个不同的方面、不同要素上，全面反映了面点制作和饮食组合运用的科学性、技术性及艺术性，综合反映了面点工艺水平的发展程度和饮食风尚的文化趋势。

1) 全席面点的特点

面点宴席是特殊形式的正规宴席，一般适用于欢庆节日、款待宾客等场合。它的主要功能是让就餐者体验饮食文化的独特风格，品尝独特的面点风味体系，享受精美奇特的烹饪艺术创作。全席面点的特点：

(1) 设计精致、工艺精细、造型优美、小巧玲珑。

(2) 各类面点的配比协调，口味多样。

(3) 盛器高雅与点心的格调和谐一致。

(4) 工艺复杂技术强。

(5) 在具有常规宴席特点的同时强调实用性和艺术性的有机统一。

(6) 在选料、调味、造型和配色上要独具匠心。

2) 全席面点组成配置比例

全席面点一般有点心拼盘、咸点、甜点、汤羹、水果等组成。以咸点为主，甜点为辅，汤羹水果约占10%，可参考的配置比例如下。

(1) 较高规格：点心拼盘1道、咸点8道、甜点4道、汤羹1道、水果1道。

(2) 中等规格：点心拼盘1道、咸点6道、甜点3道、汤羹1

项目七 面点的组合运用

道、水果 1 道。

(3) 较低规格：可根据具体情况，减少品种数量或降低品种的规格档次。

3) 全席面点配置的要领

要组配一台色、香、味、形、器、质俱佳，风格特色鲜明，品尝欣赏价值高的面点宴席，要求组配者具有娴熟的面点制作技术和丰富的烹饪与饮食文化知识。同时，还需具备设计订单、选料调味、造型配色、制作的调配与管理、上点程序等方面的知识和能力。

(1) 实际订单。这是面点宴席总体设计工作，决定整台面点的规格、质量、风味特点、主题意蕴。主要参照因素有：主办者意图与要求，整席的规格与水平、价格档次、民族习俗、习惯特点，原料品质和市场供给情况，厨师技术力量和设备条件等。

(2) 选料和调味。选料要采用各种原料精选的质优部分，同时要调好馅心的口味，并根据具体搭配情况、就餐喜好，变换口味，灵活组合，使口味丰富。

(3) 造型与配色。这是突出面点艺术性和技术性的主要工序，是形成全席面点的艺术欣赏性的关键。艺术性高的造型与配色，可以突出主题、渲染气氛，使人赏心悦目，让人充分领会主人美意。

(4) 组织管理。工作量预算、人员分工和协调安排、原料准备和各工序的任务与衔接等都需要很好的组织落实，具体的时间规定、设备、工具、卫生状况与要求等都需要明确的说明，因为整台宴席的面点制作，往往靠一两个人无法完成，要由技术人员组成的群体进行分工配合才能做好。

(5) 上点程序。面点宴席与普通宴席的上菜程序大体一致，一般是按点心拼盘、咸点、甜点、汤羹、水果的次序。点心拼盘在客人未入席时先上，入席后先上咸点，咸点中先清淡后浓盛，主要咸点上席后可间隔上甜点，以调剂口味，汤羹、水果随后依次上席。

3. 其他组合面点

宴席面点、全席面点是面点组合运用的最典型的形式，这两种组合形式代表了面点组合运用的最高成就。除此之外，还有几种组

合形式，也极具商业价值和文化传播价值，是基础性的组合运用形式。

1）茶市面点

它是酒家、茶楼在非正式开餐时间供应的面点，分为早、中、晚三种类型。早点咸点居多，茶点甜点居多。茶市面点这种面点组合，是因经营效益和市场需求变化而随时调整变化组合内容与组合方式，它特别突出特色化和新颖性及花色品种的多样性。

茶市面点的特点：

（1）原料新鲜新奇，以此招徕人们品尝。

（2）口味纯正、质感适口，以此确定制品的品质特色。

（3）造型优美，色泽鲜艳，盛器精致，以此来确定商品的直观价值。

（4）花色品种多样，以适应不同口味消费者的需求，数量应有20～30种。咸点多些，甜点少些。

（5）茶点分量小巧，切忌量大。每个一般为20～40克，食客以多品尝几种为佳。

茶市面点的组合都以招揽宾客、增加销售、便于经营、适应市场变化、提高商品和经营的竞争力为出发点。其变化性和创新性都很大，对面点工艺和技术发展有很大的促进作用，同时具有传播饮食文化的功能意义。

2）季节点心

季节点心又称四季点心。按季节适时、应市的特色点心，用以调剂人们四季的饮食口味，适合气候冷暖变化对面点工艺提供的条件。

3）星期点心

它是以星期为周期变化的点心，又称为星期美点，它是广式点心经营的一种特殊形式。各商家为了竞争，竞相推出新颖独特的新品，以每星期换一套的形式经营，故称星期美点。其特点是以新取胜，每星期品种5～8个，可以灵活组配，按时令季节配套，甜咸兼备，中西点心并存，讲究造型拼摆和色彩搭配多样化。

4）会议点心

它是食客固定、形式统一的小型配套点心，一般用于会议早餐。其特点是分量适中，注意花样变化、咸甜兼备、干稀搭配、有粗有精、常换口味。

任务7－2　宴席面点配置要领

宴席面点的配置往往根据宾客的饮食习惯、设宴主题、宴席规格档次、本地特产、季节菜肴的烹调方法不同及面点各自的特色而定。

一、根据宾客的饮食特点、风俗习惯配置

宴席面点配置过程中，应先考虑到宾客的饮食习惯和嗜好、忌讳及特殊要求，这样配置的面点才能使宾客满意。宾客的饮食习惯往往受国别、民族、宗教、职业、年龄、性别、体质、个人嗜好、忌讳等的制约和影响。因此，在配置面点时应通过调查，了解宾客的有关情况，在平时要注意积累国内外不同地域、民族有关食俗食风的知识，了解不同年龄、性别人群的一般饮食习惯，从而使所配置的宴席面点能满足不同类型的客人。

1. 掌握南方与北方地区总的饮食特点

生活在长江以南的人，一般的饮食特点是"口味清淡，以鲜为贵"。他们一般以大米为主食，爱吃新鲜、细嫩的食物，喜用旺火急煮快熟的烹制方法，对菜肴和面点、饭食的鲜味和特点都很讲究，特别是江、浙、闽、粤、桂、滇等地更为明显。

北方人的饮食特点则偏重于浓厚，以面粉为主食，菜肴口味偏重、浓厚，喜吃油重、色浓、味咸和酥烂的面食，对刚刚成熟、似生非生的面食则不感兴趣。

2. 掌握各民族的饮食习惯

各少数民族由于他们的生活习惯、饮食特点各不相同，表现在

面点上也就各有自己的特殊要求。

3. 掌握国际宾客饮食习惯

各国人民在饮食习惯上也很不相同。

二、根据宴席的主题配置

不同宴席主题往往决定内容的安排。根据主题，恰当地设计和精选面点品种，会起到渲染气氛、烘托宴席的作用。例如，婚宴的喜庆气氛用"龙凤呈祥""百年好合"等象形图案的糕点和面点品种映衬就十分贴切；寿宴的祝寿氛围用"寿桃包""长寿面"等就十分恰当，面点与寿宴主题的有机结合，突出了寿宴的寓意。

三、根据宴席的规格档次配置

宴席档次不同，其所配置的面点从用料及品种数量、制作工艺和造型风味上都有很大的差别。面点只有适应宴席的档次，才能使菜肴与之相协调一致，达到整体统一的效果，而不至于出现本末倒置、主次不分、不相协调的情况。同时也使生产制造成本与规格相一致。

四、根据季节配置

不同季节，人们的饮食口味随着身体情况变化而有所不同。冬季由于气候寒冷干燥，人体的热能耗散较大，代谢指数高，因此需要补充较多的脂肪、碳水化合物、糖、蛋白质、无机盐等。反映在人的口味要求上，是喜食"肥美浓厚"的食物。夏季则相反，人们喜食"清淡爽口"的食物。正所谓"冬厚、夏薄、春酸、夏苦、秋辣、冬咸"，人们的口味与进食内容依时令不同而异。宴席面点的配置也要依此规律而选择季节性面食的原料，制作时令点心，并在成熟方法上也要考虑与季节相适应，从而使宴席也充满季节特色。

五、根据菜肴的烹调方法配置

一桌宴席的菜肴，往往都是用不同的烹调方法制作而成的，使

项目七 面点的组合运用

宴席菜肴充满特色和变化,丰富人们的口感和感官印象。面点的配置也应随烹调方法的不同和特色的变化而选择合适的品种,以便与菜肴的口感质感相协调。例如,烤鸭、烤鸡、烤全羊等烤制的菜肴常配烙和蒸的面点品种,而蒸、溜、烩等方法的菜肴常配一些酵面类品种。

六、根据面点的特色配置

在宴席面点的配置上,应根据具体的面点特色和整个宴席以合理地组配。

1. 色的组配

(1) 顺色或衬色配:即以菜肴的色为主,面点的色为辅。顺着菜色而配备面点,若菜肴棕红色,面点配以金黄色,即为顺;若菜肴为浅色,面点配以天然本色,即为衬配,体现统一和谐的风格。

(2) 花色配:即与菜肴形成一定的反差使多色面点的花色得到突出,以面点的花色点缀和丰富菜肴的色彩,虽有反差,但面点的这种反差,恰好起到了点缀的作用,若在各色菜肴之间放入一盘色彩鲜艳的花色面点,会使整桌宴席生辉。

2. 香的组配

香的组配以面点固有的香气为主,突出面点本来的香气,自然衬托菜肴的香气。

3. 味的组配

味的组配与菜肴的口味相协调,咸配咸,甜配甜。

4. 形的组配

选择恰当的造型,紧扣宴席的主题,衬托菜肴,美化席面。

5. 器的组配

结合色泽、色彩与造型恰当地选择面点的盛器,产生美感。

6. 滋质的组配

滋质也称"口感""触感",是指食物入口后产生的味觉,触觉感受,包括味的留存时间,滋味和食物的软硬、酥脆、松软、嫩韧

程度,应根据客人的需要和喜好,以及宴席菜肴的各种滋质,配以适当的面点品种,形成美感的滋质享受。

7. 营养的组配

注意单份面点品种的营养搭配,注意面点组合与整桌宴席的营养素的数量,比例是否科学合理。

任务7－3 各风味宴席面点的配备

我国有粤、京、鲁、川、闽、湘、浙、苏、杨等菜系,菜系变化,体现在面点配备上也各不相同。下面以几个主要地区为例,介绍一些宴席面点配备实例。

一、沈阳地区

1. 燕翅鸭全席

(1)什锦花盘;(2)清汤燕菜;(3)兰花银耳;(4)白扒鱼翅;(5)松清两炸;(6)虾子烧海参;(7)香酥肥鸭(配龙舌饼及片火勺等);(8)清汤四宝;(9)酒焖熊掌;(10)冰糖哈什蚂(配五仁包子、枣泥盒等);(11)清蒸白鱼;(12)清汤荷花鸡(配银丝卷、三鲜烙盒等)。

2. 燕菜席

(1)四双拼;(2)清汤燕菜;(3)鸡茸银耳;(4)炸两样;(5)扒龙虎斗;(6)锅烧鸭子(配片火勺、荷叶饼等);(7)龙井炒虾仁;(8)蝴蝶海参(配火腿花卷、酥皮麻糕等);(9)罗汉油菜心;(10)什锦西瓜盅(配糖蜂糕、奶油蛋糕等);(11)奶油鲍鱼菜花汤。

3. 鱼翅席

(1)四双拼;(2)扒鸳鸯鱼翅;(3)炸两样;(4)蟹黄扒鱼肚;(5)生菜大虾;(6)百花香鸡(配晃金饼、千层糕等);(7)烩乌鱼蛋;(8)烤鸭(配荷叶饼、筒子饼等);(9)烧四宝;(10)罗汉活鲫鱼（配胡萝卜饼、冬菜饼）；（11）水晶果羹（配青梅糕、松子糕等）；（12）奶汤鲍鱼菜心。

4. 鱼肚席

（1）四双拼；（2）白扒鱼肚；（3）炸两样；（4）肥肠扒白菜；（5）火靠虾段；（6）焦酥香鸡；（7）象牙里脊；（8）蜜汁苹果（配莲花酥、喇嘛糕等）；（9）煎焖黄鱼；（10）川锅子。

5. 海参席

（1）四双拼；（2）葱烧海参；（3）炸两样；（4）爆双脆；（5）蚝油烧紫鲍；（6）肥肠扒白菜；（7）锅烧肘子（配椒盐酥饼、白剂酥、蒸饼）；（8）干烧鲫鱼；（9）什锦果羹（配澄沙包、脂油包、菊花酥等）；（10）川锅子。

二、黑龙江地区

1. 燕翅鸭全席

（1）四干果、四鲜果；（2）孔雀开屏（花拼）四个双拼盘；（3）一品燕菜；（4）氽银耳汤；（5）炸三鲜；（6）白扒鱼翅；（7）红烧鲍鱼；（8）龙井虾仁；（9）清蒸鳜鱼；（10）浮油鸡片；（11）烩乌鱼蛋；（12）冰糖莲子（配甜点心两盘）；（13）蜜焖三样；（14）烩鸭丁腐皮；（15）烤鸭（配片火勺、葱、酱、蒜等）；（16）汤菜（米饭）。

2. 鱼翅席

（1）四个双拼冷盘；（2）白扒鱼翅；（3）蝴蝶海参；（4）棉桃里脊；（5）鸡茸蹄筋；（6）烧二冬；（7）红焖鲫鱼；（8）糟溜鱼片；（9）清烹虾段；（10）拔丝苹果；（11）蜜汁山药（配甜点心两盘）；（12）烩鸭丁腐皮；（13）锅烧肘子（配片饼、葱段、面酱）；（14）一个汤（米饭）。

三、大连地区

1. 燕菜席

（1）凉菜；（2）燕菜；（3）高汤银耳；（4）烤鸭（配荷叶饼）；

(5) 火靠大虾（配甜点心）；(6) 扒鱼唇；(7) 清蒸加吉鱼；(8) 红烧鲍鱼；(9) 松鸡锤；(10) 蜜蒸莲子。

2. 鱼翅席

(1) 凉菜；(2) 鱼翅；(3) 雪花干贝；(4) 烤鸭（配荷叶饼）；(5) 荷花虾（配甜点心）；(6) 鸡蓉蛤什蚂；(7) 红烧鲜蘑菇；(8) 葱油加吉鱼；(9) 糟烧三白；(10) 蜜蒸莲子。

3. 海参席

(1) 大拼盘；(2) 红烧海参；(3) 软炸鸡；(4) 火靠大虾；(5) 烧羊肉（配荷叶饼）；(6) 火靠加吉鱼；(7) 烧二冬；(8) 红烧鲍鱼；(9) 扒三白；(10) 蜜蒸百合。

四、北京地区

1. 一般筵席

(1) 什锦冷盘；(2) 笋炒虾仁；(3) 鲜茄鱼丁；(4) 酱爆鱿鱼；(5) 桂花肉；(6) 鸡油豆板；(7) 雪花鱼肚（配花色大包或水果羹）；(8) 清蒸鲜鱼（配应时鲜点）；(9) 红烧元蹄；(10) 清汤鸭。

2. 海参席

(1) 四个双拼冷盘；(2) 清炒虾仁；(3) 油爆肚尖；(4) 茄汁鱼片；(5) 炸烹菊花肫；(6) 云腿口蘑；(7) 蝴蝶海参；(8) 香葱市鸭（配菊花酥、蝴蝶酥）；(9) 雪塔银耳；(10) 松鼠黄鱼；(11) 五香手拉鸡；(12) 清汤元蹄。

3. 燕翅席

(1) 孔雀冷盘；(2) 樱桔虾仁；(3) 炒双冬；(4) 小煎鸡米；(5) 三丝鱼卷；(6) 菊花肫拼土司；(7) 酿鸡掌；(8) 干烧扒翅；(9) 珍珠燕窝；(10) 挂炉烤鸭（先配薄饼，然后配水仙酥、花生奶酪）；(11) 蜜汁莲子；(12) 清蒸鲥鱼；(13) 满天珍烩；(14) 云腿竹笋汤。

项目七 面点的组合运用

复习思考题

一、名词解释

（1）熟制；（2）煮；（3）蒸；（4）煎；（5）炸；（6）烤；（7）烙；（8）干烙；（9）刷油烙；（10）加水烙；（11）炒；（12）单加热法；（13）复加热法。

二、问答题

（1）面点组合的意义是什么？
（2）宴席面点的特点是什么？
（3）面点在宴席中的配置比例是怎样的？

面点原料

项目八　面点创新与开发

　　通过本章的学习，使学生了解面点创新的思路，掌握面点创新的方法和运用技巧，熟悉各类创新种类的特征及运用，了解面点新种类发展的方向。

　　面点制作的工艺是中国烹饪的重要组成部分。近些年来随着烹饪技术的发展，面点制作也有了很大的进步，但是发展速度与菜肴烹饪相比，无论是品种的创新与开发、口味的丰富、制作的技艺等方面，还显得有些不足。这就需要我们广大的面点师及烹饪工作者不断地研究和探索，勇于推陈出新，以适应社会发展的需要，加快面点的发展步伐。

　　面点的创新和开发是指在原有的基础上推陈出新，应是源于传统而又高于传统的变革。面点开发与创新的方法很多，最主要的是通过皮料、馅料、成型方法、成熟方法等的创新方式来进行的。通过本章的学习，首先要掌握面点创新的方法和技巧，明白不同的创新方法对面点形成后的影响，通过合理的创新方式来达到最佳形成效果。了解餐饮市场的需要，根据市场需要来确定创新方式和对有市场前景的面点新种类的开发提出思路和方法。

任务 8-1　面点的创新

一、关于面点创新的思考

　　中国面点是中华民族传统饮食文化的优秀成果。在当前社会发展的新形势下，吸收国外现代快餐企业的生产、管理、技术经验，采用先进的生产工艺设备、经营方式和管理办法，发展有中国特色的、丰富多彩的、能适应国内外消费者需求的面点品种，是中式面

项目八　面点创新与开发

点今后发展的趋势。要做到这一点，应从以下几方面着手。

1. 创新应以制作简便为主导

中国面点制作经历了一个由简单到复杂的过程，从古代社会到现代社会，能工巧匠制作技艺不断精细，产生了许多精工细雕的美味细点。但随着现代社会的发展以及需求量的增大，除餐厅高档宴会需要精细点心外，开发面点时应考虑到制作时间，点心大多是经过包捏成形，如果长时间地进行手工处理，不仅会影响经营的速度、批量的生产，而且也对食品的营养与卫生不利。

随着现代社会节奏的加快，食品需求量的增大，从生产经营的切身需要来看，容不得慢工出细活，而营养好、口味佳、速度快、卖相绝的产品，将是现代餐饮市场最受欢迎的品种。

2. 创新应突出携带方便的优势

面点制品具有较好的灵活性，绝大多数品种都可方便携带，不管是半成品还是成品，所以在开发时就要发挥自身的优势，并可将开发的品种进行恰到好处的包装。在包装中能用盒就用盒，以便于手提、袋装，如小包装的烘烤点心、半成品的水饺、元宵。甚至可以将饺皮、肉馅、菜馅等调和好，以满足顾客自己包制，突出携带的优势，扩大经营范围。它不受众多条件的限制，对于机关、团体、工地等需要简单用餐时，还可以及时大量的供应面点制品，扩大销售。

3. 创新应体现地域风味特色

中式面点除了色、香、味、形及营养方面各有千秋外，在食品制作上，还应保持传统的地域特色。面点在开发过程中，在原料的选用、技艺的运用中，应尽量考虑到各自的乡土风味特色，以突出个性化，地方性的优势。

如今，全国各地的名特食品不仅为中国面点家族锦上添花，也深受各地消费者普遍欢迎。例如，煎包、汤包、泡馍、刀削面等，已经成为我国著名的风味小吃，也是各地独特的饮食文化的重要内容之一。利用本地的独特原料和当地人善于制作食品的方法加工、烹制，将为地方特色面点的创新开辟道路。

4. 创新应大力推出应时、应节品种

我国面点自古以来与中华民族的时令风俗有着密切的关系，在一年四季的日常生活中，不同时令均有独特的面点品种。明代刘若愚《酌中志》记载，那时人们正月吃年糕、元宵、双羊肠、枣泥卷；二月吃黍面枣糕、煎饼；三月吃江米面凉饼；五月吃粽子；十月吃奶皮、酥糖；十一月吃羊肉包、扁食、馄饨……当今我国各地都有许多应时应节的面点品种，这些品种，使人们的饮食生活洋溢着健康的情趣。

利用中外各种不同的民俗节日，是面点开发的最好时机。如元宵节的各式风味元宵，中秋节的月饼推销，重阳节的重阳糕点等。许多节日，我国的品种推销还缺少品牌效应和推销力度。需要说明的是，节日食品一定要掌握好生产制作的时间，应根据不同的节日提前做好生产的各种准备。

5. 创新应力求创作易于贮藏的品种

许多面点具有短暂贮藏的特点，但在特殊的情况下，许多的糕点制品、干制品、果冻制品等，可用糕点盒、电冰箱、贮藏室存放起来，像经烘烤、干酪制品，由于水分蒸发，贮藏时间较长。各式糕类（如松子枣泥拉糕、蜂糖糕、蛋糕、伦教糕等），面条，酥类，米类制品（如八宝饭、糯米烧卖、糍粑等），果冻类（如西瓜冻、什锦果冻、番茄菠萝果冻等），馒头，花卷类等，如保管得当，可以在近一两日贮存，保持其特色。若在创作之初就能从这里考虑，产品就会有无限的生命力。客人不需要马上食用，或即使吃不完，也可以短暂地贮藏一下，这样可增加产品的销售量，如蛋糕之类的烘烤食品、半成品的速冻食品等。

创新的面点应做到雅俗共赏，迎合餐饮市场的需要中式面点以米、麦、豆、禽、黍、蛋、肉、果、菜等为原料，其品种干稀皆有，荤素皆备，既填饥饱腹，又精巧多姿、美味可口，深受各阶层人民的喜爱。

在面点开发中，应根据餐饮市场的需求，一方面开发精巧高档的宴席点心；另一方面又要迎合大众的消费习惯和趋势，满足广大

项目八　面点创新与开发

群众一日三餐之需。开发普通的大众面点,既要考虑到面点制作的平民化,又要提高面点食品的文化品位,把传统面点的历史典故和民间流传的文化特色挖掘出来。另外,创新面点要符合时尚,满足消费,使人们的餐饮生活洋溢着健康的情趣。

二、面点创新的方法

千百年来,面点师们无时不在进行着面点创新的探讨与摸索,本着"人无我有,人有我新,人新我变"的经营之道,各商家的面点师都在不断改善面点的制作,以适合顾客之需要,力求更快更好的营销效果。有的创新思路初见端倪,急待推广与完善;有的方法还未开垦,需要创导。下面的创新方法,仅起抛砖之意。

1. 面点流派间的相互借鉴

通过取长补短,借鉴其他流派的特点,运用嫁接的方式,使一些传统品种显出更强的生命力。

2. 菜肴烹调方法的借鉴

一是借鉴中餐菜肴烹调方法及味型特点,使面点调味与馅心、面臊风味更加突出浓厚;二是借鉴西餐菜点的制作理念、用料特点和装盘方式,使中式面点呈现全新面貌。

3. 从原料、工艺入手进行面点创新

(1)原料:一个品种的变化最直接的就是原料的改变,合理地掌握好原料的改变对制品的影响,对创新有很大的帮助,如杂粮及豆薯类原料的充分利用,具有特色风味的原料的掺和、水果的利用等。

(2)面团调制:面点坯皮的特色是由面团所赋予的,通过主辅用料的变化、东西南北制坯技法的融合,使面点皮坯制作技术有所突破,使面点呈现质的变化。

(3)馅心制作:馅心的创新是面点变化的又一重要途径,可通过原料变化、调制技法变化、味型变化等来达到。

(4)成形:面点的形状,主要是利用主料的自然属性所制作的面坯来表现的。"一饺一形""一包一形"等充分体现了面点师的独

具匠心。面点造型的创新还可以在各种器皿、饰物及用具等贴近生活的物品上进行研究。

(5) 成熟：传统的面点成熟常用蒸、煮、煎、炸、等方法，中式菜肴和西式菜点的成熟方法的运用更丰富和多样，我们可加以借鉴，如火焰面点，利用酒精或高浓度酒燃烧的火焰来渲染气氛，突出面点、烘托面点。

任务 8—2　开发面点新种类

一、营养强化面点开发

1. 营养强化面点开发的必要性

营养面点指既有面点的营养功能、感官功能，又有一般面点所不强调的改善和提高人体对特定营养素吸收功能的面点制品。所谓营养，是指通过食物谋求养生的意思。一般来讲，人体是通过摄取、消化、吸收和利用食物中的养料以维持生命活动的整个过程称为营养。营养面点就是指能够为人体提供这些养料的面点产品。人体所需要的主要营养素有蛋白质、脂类、维生素、碳水化合物、矿物质和水，但面点产品能为人体提供的营养素很少，所以需要强化一些物质进去（如矿物质），以满足人体的需要，这便形成了营养面点，有时人们又称为强化面点。

为什么要开发营养强化面点呢？这要从中国目前的膳食结构说起，目前中国的膳食结构主要存在以下几个方面的缺憾。

（1）主要以粮食为主供给碳水化合物，以植物性食物为主的膳食结构，优点是膳食纤维供给充足，减少肠道疾病，缺点是缺乏优质蛋白质和维生素的供给。

（2）营养素供给不平衡造成营养失调。

（3）中国是一个处于发展中的国家，目前还处于温饱阶段，因此，饮食的供给还主要是以粮食为主，粮食中的营养素主要是碳水化合物，半优质蛋白质、脂类很少。少量的维生素 B 也随着加工的过程损失，因此目前中国的膳食结构还不完全合理。

2. 开发营养强化面点的方向

怎样才能改变目前中国膳食结构不合理的现状呢？强化食品的出现解决了这一难题。

所谓强化食品，是指将人们膳食中比较普遍缺少的营养素，适当地加入相应的食品当中去以弥补不足。近年来，不少发展中国家已经开始推广营养强化食品，其营养强化的原则是食物中缺少什么就补充什么，如在米、面、面包、馒头中加适量的铁、钙、维生素、赖氨酸等。

进行粮食强化是非常必要的，因为居民膳食的60％来自粮食，针对粮食的重要性，可运用粮食营养强化的理念开发系列营养强化面点，如大豆馒头（利用大豆中的优质蛋白质来补充面粉中蛋白质的不足），杂粮馒头，面条等（利用杂粮中的维生素来补充粮食中的不足），牛奶馒头，蔬菜面条等，这些食品既营养丰富全面，又迎合了消费者口味和健康的需求，并且通过合理的搭配，既降低了成本，又提高了营养成分，还将粗粮特殊口感和营养成分糅合到了细粮中，起到了一举几得的作用。

二、功能性面点的开发

1. 功能性面点开发的必要性

人类对食品的要求，首先是吃饱，其次是吃好。当这两个要求都得以满足之后，就希望所摄入的食品对自身的健康有促进作用，于是出现了功能性食品。现代科学研究认为，食品有三项功能：一是营养功能，即用来提供人体所需要的各种营养素；二是感官功能，以满足人们不同的嗜好和要求；三是生理调节功能。而功能性食品即是指除营养和感官之外，还具有调节生理功能的食品。

依据以上所述，功能性面点可以被定义为除具有一般面点所具备的营养功能和感官功能（色、香、味、形）外，还具有一般面点所没有的或不强调的调节人体生理活动的功能。

同时，作为功能性面点还应符合以下七个方面的要求：①由通

面点原料

常面点所使用的材料或成分加工而成,并以通常的形态和方法摄取;②应标记有关的调节功能;③含有已阐明化学结构的功能因子(或称有效成分);④功能因子在面点中稳定存在;⑤经口服摄取有效成分;⑥安全性高;⑦作为面点为消费者所接受。

功能性面点具有四种功能,即享受功能、营养功能、保健功能及安全功能。功能性面点具有一般性面点没有或很少的保健功能。面点中具有丰富的营养成分,具有营养功能不等于有保健功能,不同的营养及量的多少,对个体有很大差异性,甚至具有反差性。例如,高蛋白质、高脂肪的动物性食物,其营养功能是显而易见的,但对心血管病和肥胖病人来说,不但没有保健功能,反而会产生副作用。保健功能是指对任何人都具有预防疾病和辅助疗效的功能,如能调节人体内器官机能,增强机体免疫力,预防高血压、血栓、动脉硬化、心血管病、癌症、抗衰老以及有助于病后康复等。总之,保健功能就是指面点具有有益于健康、延年益寿的作用。

2. 功能性面点的开发方向

苏联学者经研究认为:在人体健康和疾病之间存在着一种第三态,或称诱发态,当第三态积累到一定程度时,肌体就会产生疾病。一般食品为健康人所食用,人体从中摄取各类营养素,并满足色、香、味、形等感官要求,更重要的是,它将作用于第三态,促使肌体向健康状态复归,达到增进健康的目的,按此观点,功能性面点的开发可做以下努力。

1) 养生保健面点

养生保健面点是指以增强人体健康、调节人体机能为目的的面点制品。按功能可分为延年益寿面点、抗疲劳面点、健脑益智面点、护肤美容面点、增强免疫功能面点、强化面点等。

(1) 抗疲劳面点:抗疲劳面点有两大类,一类是专为运动员食用的抗疲劳面点,目的是为运动员提供高强度运动所需要的营养物质及对各器官功能起保护和调节作用的物质,能够维持和提高运动能力,有助于维持高强度运动下的身体健康,尽快促进体能的恢复。这类面点又往往根据不同的运动项目有所不同,人类将这类食品称

项目八 面点创新与开发

为运动食品,严格地说,运动面点食品是一类特殊的保健食品;另一类抗疲劳面点食品主要是针对一般劳动者,使容易出现疲劳的人群和体力劳动者尽快恢复体力的面点食品。随着现代工作节奏的加快,人们的身心往往处于高度紧张状态之中,很容易产生疲劳,使人们尽快从疲劳状态中恢复过来,精神饱满地投入工作,保持健康就变得十分重要。

(2) 健脑益智面点:自我国贯彻落实计划生育的基本国策以来,人们对儿童的健康发育越来越重视,促进儿童生长发育食品和儿童益智食品已成为目前最受欢迎的食品之一,今后还会具有更为广阔的市场。这些食品包括营养全面的高蛋白面点、维生素强化面点、赖氨酸面点、补钙面点、补锌面点、补铁面点、磷脂面点、DHA 面点等。

(3) 护肤美容面点:美容不仅是精神上的需要,而且对人体的健康也有着重要的意义。欲得姣好的面容,除了日常对皮肤的保养之外,通过适当的食物及药物来调节内分泌也是十分有效的。随着女性美容需要的日益增长,我国一些"沉睡"多年的美容药食不断地被挖掘出来,如将大枣、竹笋、山药、豆腐、猪皮、花生、薏苡仁、发菜、胡萝卜等制成的美容面点。

(4) 降血脂面点:专家在临床中发现,多吃含高热量、高胆固醇、高脂肪食物和很少吃富含维生素、植物蛋白等食物的人,很容易得高脂血症,选择适当的面点原料可以有效地预防和降低血脂。例如,玉米粉性味甘平,含有较多的不饱和脂肪酸,对于人体内的脂肪和胆固醇正常代谢,对冠心病、动脉硬化、降低高血脂有着食疗作用。以 100 克玉米面为例,配粳米 75 克,先将粳米洗净放入沸水锅中煮至八成熟时,将用凉水调和的玉米面放入锅中煮熟即可,每日三餐均可温热食用。另外,毛豆也是很好的降血脂食品,因毛豆中的皂素能排除血管壁上的脂肪,并能减少血液里的胆固醇含量,所以,常吃毛豆可使血脂降低,有利于健康。

2) 食疗面点

食疗面点是中国面点的宝贵遗产之一。《中国面点史》一书写

道:"食疗面点中的食药,本身就具有各种疗效,再与面粉配合支撑各种面点后,便于人们食用,于不知不觉中治病。食疗面点确实是中国人的一个发明创造。"因此,要努力对食疗面点加以发掘、整理,同时利用现代多学科综合研究的优势,发展中国特色的功能性面点。

从未有人对"食疗面点"这个通俗称谓给出过明确和严格的定义。汪福宝等主编的《中国饮食文化辞典》中食疗词目中写道:"食疗内容可分为两大类,一为历代行之有效的方剂,一为提供辅助治疗的饮食。"《中国烹饪百科全书》食疗词目中写道:"应用食物保健和治病时,主要有两种情况:①单独用食物制成;②食物加药物后烹制成的食品,习惯称谓药膳。"根据以上解释,食疗面点是以防病、治病为目的的面点制品。按其功能可分为降糖面点、降压面点、补钙面点等。

三、现代快餐面点的开发

1. 开发现代快餐面点的必要性

什么是快餐面点?《中国快餐业发展纲要》对快餐下的定义是:"快餐"是为消费者提供日常生活需求服务的大众化餐饮。它具有以下特点:制售快捷、食用便利、质量标准、营养均衡、服务简便、价格低廉。快餐面点指适合做快餐的面点,意指适合快餐的各种特点,且在快餐中占主导地位的面食制品。

当今快节奏的生活方式,人们要求在几分钟之内能吃到或者拿到配膳科学、营养合理的面点快餐食品。近年来,以解决大众基本生活需要为目的的快餐发展迅猛,传统面点在发展面点快餐中前景广阔,其市场包括流动人口、城市工薪阶层、学生、写字楼的工作人员等。

2. 快餐面点的开发方向

(1) 所开发的快餐面点应具有风味特色:面点的风味特色是指面点本身所具有的、适合人们的口味、区别于其他制品的特殊性。有风味特色的面点所组成的快餐在竞争中有较大的优势。此类面点

项目八　面点创新与开发

可在流行地大众化面点中去选择，也可发挥创造性思维创新而得，应在销售中得到顾客的青睐。

（2）所开发的快餐面点应适合标准化、机械化的生产：一种面点能否形成快餐面点，就看它能否适应标准化、工业化的生产。标准化的生产是统一口味、统一分量、统一质量的保证，它将传统面点制作的随意性改变成现代面点制作的规范性，从而能使面点品种的质量保持稳定，顾客随时来买，随时都可以得到质量上乘、口感一致的品种。面点机械化的生产是指在面点生产中大量采用一些机械设备进行批量生产，有些面点制品可以大部分甚至全部用机械设备来进行生产，此加工手段，降低了劳动强度和生产成本，提高了生产效率，因此，此类面点符合了快餐面点所需求的"制售快捷、价格低廉"的特点，是我们开发的重点。

（3）所开发的快餐面点应适合连锁经营：快餐店的连锁经营就是以作业程序简单化、分工专业化、管理标准化的原则从而获得较大的规模效益。快餐业的竞争，除了品种特色外，价格竞争是一大焦点，真正的连锁经营店都有中心厨房或快餐工厂，快餐中的主产品都是在中心厨房或快餐工厂中统一采购、统一制作、统一发售的，从而能够满足降低成本以降低价格这一要求，在竞争中处于有利地位，重庆的火锅店能够以低价位迅速占领成都的火锅市场，就是利用的这一点；三全食品有限公司下属郑州有滋有味餐饮有限公司的成立，也是采用最先进的科技来支持门店信息，集中体现"快餐本位"的便捷与卫生，从原料的进货到成品，所有产品的 80%～90% 部分都是在中央厨房用现代化的流水线加工出品，确保食品的卫生、方便和安全，这就在无形之中降低了产品的成本。此外，快餐面点要适合连锁经营特色，还必须要便于运输，产品分送到各点后，还要加热简单、食用方便。例如，发酵面制品成熟后能整齐地摆放在蒸具里，到各分店后，只需要稍稍加热就可以食用，在食用的过程中，既可以在餐厅里要一碗汤或稀饭慢慢食用，也可以拿着在路上边走边吃，非常方便。

面点原料

四、速冻面点的开发

速冻面点是指经过快速冷冻的面点生坯或熟制品。

贮藏面点为什么要快速冷冻呢？原因是：①根据科学实验和生产实践证明，面点在速冻过程中，起冻速度越慢，则在细胞间隙中形成的冰晶体越大，大的冰晶体能使细胞壁、细胞膜破裂；冻结速度快，在食品细胞内形成无数微小的冰晶，对细胞组织造成的损伤较小，面点解冻后，能够完整地恢复到原始状态。②冷冻食品中的水分大部分都处在冻结或不流动的状态，致使微生物无法获得生存所必需的水分，阻碍了微生物的活动和繁殖。因此，面点能够减缓被污染而腐败的速度，易于贮存。这就是速冻面点能够最大限度地保持原有的新鲜状态、色泽风味和营养成分的原因。

1. 速冻面点开发的必要性

（1）速冻面点的产生是社会发展的必然。随着社会经济和科学的发展，面点中的一些品种已经从手工作坊式的生产转向了机械化生产，产量猛增，但人们对面点的日需求量是有限的。因此，急需一种保藏方法来进行调配，速冻面点的产生打破了传统面点之现做现卖的格局，使人们的生活能跟上时代的快节奏，且又不失新鲜面点的风味。

（2）速冻面点的产生对风味面点的相互交流具有重要的意义。速冻面点有便于贮存、便于运输的特点，因此，一些具有地方特色的面点能通过运输进入千家万户，南方人可以吃到正宗的北方馍，北方人又可品尝到南方的粉果，东方城市能见到地道的叶儿粑，西部地区能看到船点的风采。

中国面点具有独特的东方风味和浓郁的中国饮食文化特色，在国外享有很高的声誉，速冻面点的出现，使中国面点打入国际市场成为现实。一些食品公司生产的速冻汤圆、水饺、粽子等产品已销往北美、欧洲、亚洲的部分国家；天津粮油出口公司制作的速冻春卷，出口年创外汇数百万元；还有一些厂家生产的春卷、小笼包、水饺等品种的速冻食品，已经销往东南亚、欧洲、北美

项目八　面点创新与开发

洲等的二十多个国家和地区，成为国内速冻面点的最大出口基地，出口国外市场。开发特色面点，面点的崭新天地需要我们去开创。

2. 开发速冻面点的方向

目前，面点的速冻工程刚刚起步，适合速冻的面点不多，主要有水调面团、发酵面团、米及米粉面团等，其中，有的适合生冻，而有的适合熟冻。

水调面团速冻品种有（适合生冻）：水饺类、面条类、春卷类、烧卖类等。

发酵面团速冻品种有（适合熟冻）：各种包类、花卷类、馒头类、发面糕类等。

米及米粉面团速冻品种（适合生冻或熟冻）：各种汤圆、元宵类（生冻）、粽子（适合熟冻）、八宝饭（适合熟冻）等。

本章小结

本章通过对面点创新思路、方法和面点新种类开发方向的阐述，启发学生开阔思路，运用所学知识，勇于进行面点创新开发。

复习思考题

（1）面点创新开发的思路是什么？
（2）简述面点创新的方法。
（3）什么是快餐面点和养生保健面点？
（4）有哪些面点适合做速冻面点？

参 考 文 献

高真．蛋制品工艺学．北京：中国商业出版社，1992.
李文卿．面点工艺学．哈尔滨：黑龙江科学技术出版社，1992.
刘永才．面点制作工艺．大连：辽宁科学技术出版社，1990.
那树伟．面点工艺．沈阳：辽宁省科学技术出版社，1987.
聂风乔．张汉宜，范继明，赵廉．烹饪原料学．北京：中国商业出版社，1989.
绍万宽．中式面点．北京：高等教育出版社，1994.
王显伦．面食品改良剂及应用技术．北京：中国轻工业出版社，2006.
巫德华．面点制作技术．北京：中国商业出版社，1985.
钟志慧．面点制作工艺．南京：东南大学出版社，2007.